万千女性时尚美容、美妆、服装造型启蒙教科书

U0323636

PATRICKLEE
FASHION BOOK

李云涛时尚书

时尚教父李云涛　重磅打造全新力作

为你开启寻找美丽之门

北京联合出版公司

Beijing United Publishing Co.,Ltd.

做自己
BE YOURSELF
做喜欢的自己

当年，我阴差阳错地考进后来读书的大学，其实要不是因为当时学校的录取要求，现在的我应该是一名画家，在画布上绘着自己的想法。不过，就算是艺术生里的"学霸"，再聪明的人，如果不努力也不会有任何的意义和作为，奖学金、学生会都是大学时候我脑袋上的光环，有时候并不是刻意安排，而是你做了，自然就会有的结果。

第一次接触时尚是在大学图书馆，我们学校有当时国内唯一一所国外时尚杂志专属阅览室。记得看到的第一本国外时尚杂志是意大利版的 *VOGUE*，绝对是老外赤裸裸的表达。你可知道那时候中国基本上没有什么品牌，即使有，也是国外很多年前的款式。

一个偶然的机会，我去了一家杂志社做主编的助手，因为艺术生的课真的很少，而且我的很多课程都是办了免修。所以那时候算更进一步地接触到了时尚娱乐圈，接触到了什么叫作时尚，时尚大片怎么拍，五花八门的衣服款式、化妆品的名字，让我觉得自己就像一个突然有钱的小伙子，当然所有东西你都不需要花钱就可以摸到甚至拥有，虽然当时工资少得可怜，但是我对时尚就如同迷恋上了一般。那时候上网非常困难，什么腾讯、百度都才刚有，所以我会去图书馆查品牌的资料，然后再查字典，将资料翻译成中文，背下来，总之就是比别人多做一些功课。还好我是真的很热爱，所以也是在那时候认识了很多之后很好的朋友。由于那时候自己的皮肤特别差，所以我就去中医药大学进修了中医美容，成果就是治好了自己，"麻雀变孔雀"是算的，但我不喜欢"**屌丝**"这个词。后来，我又去《优雅》杂志工作了一段时间，当然那时候我大学还没有毕业。

"
索然无趣的时尚编辑生活，让我觉得貌似很多年后还要做同样的事情，而我渴望创作一些什么……
"

索然无趣的时尚编辑生活，让我觉得貌似很多年后还要做同样的事情，而我渴望创作一些什么，但由于自身经验的缺乏，所以跟老外学习一定是必经之路。虽然我的英文很蹩脚，但是我通过一次听讲座的机会，认识了法国高等艺术学院的一位教授。经过一番交谈之后，我便毅然决然地把打工攒下来的钱准备好，开始准备出国事宜。我记得那会儿我的手机还是波导牌的，办护照、签证简直是整个学校都瞩目的事情，然后嗖——就去了巴黎。开阔眼界对于任何行业的人来说都是必要的，理论、体系、技术、你的未知、他们的未知，我就像刘姥姥进了大观园，觉得一切都很奇妙！之后我又去了日本、芝加哥。当然，这些读书的钱都是我做驻外记者，靠贩卖自己的智慧赚来的，真没有刷过盘子，我想最不济，我还可以去街头给别人画画，总是饿不死的。

" 从那开始我也走上了造型师的路……杂志、写真、通告、演唱会、活动、电影节，但也是那时候开始，我写得越来越少，甚至有些迷失…… "

回到北京之后，我一直在想是要做编辑还是做什么，因为在日本学了化妆造型，虽然那段学习是"噩梦"，但对我的影响却很大。日本人非常严谨，每天我都要卷上千个卷杠之类的。经过东京百货的时候，我会跟同学去看很多产品，我想我扎实的基本功就是那段时间练成的。回国不久我师哥给了我第一份工作，起因是他的造型师放了他鸽子。我想，好吧，我可以继续写稿子，顺便做个造型师，还可以赚钱养活自己，因为造型师可以拿到现金，这对当时的我比较有吸引力。我的第一份正式工作是给高圆圆做造型，估计现在她都忘记了，那会儿还没有什么人认识她。在工体的一个酒吧，给*ELLE*拍片。从那开始我也走上了造型师的路，陆续地跟全世界所有的知名杂志，大陆、香港以及台湾的很多艺人合作，杂志、写真、通告、演唱会、活动、电影节，但也是那时候开始，我写得越来越少，甚至有些迷失。

> '学霸'变教授，貌似是真理，其实不是刻意的安排，只是觉得回归校园是我想要的……

后来，我回到大学，成立了自己的工作室，领导很照顾我，给了我不错的办公环境。记得那是2009年的3月份，北京那会儿还没有雾霾，虽然有黄沙，不过空气还不错。再后来我又做了意大利KOEFIA国际学院的教授。"学霸"变教授，貌似是真理，其实不是刻意的安排，只是觉得回归校园是我想要的。那时候我减少了自己很多外出的工作，只是跟我最喜欢的摄影师、品牌和艺人保持着良好的关系，而那时候工作室也会接很多活动，车展、时装周、电影节，学生们每天的行程都被我安排得满满的。我想，学生们多些实习总是好的，否则如同沟里蛙蛙，只会叫。

其间，我帮蔡依林做了她的专属时尚品牌——72变。那时候香港的一个朋友邀我帮他做他集团公司旗下的3个品牌的设计以及运营方面的事情，所以每天都是往返于北京、深圳、香

> ……慢慢地当品牌上了正轨，我去欧洲休息了一段时间，也是在那段时间我又开始写书，写专栏。

港、台北还有欧洲、美国等地。工作室的工作也都交给了新人打理，现在想想真的很辛苦。都说往事不要再提，大概正是因为辛酸处都是泪水。之后因为身体情况每况愈下，当品牌慢慢地上了正轨，我去欧洲休息了一段时间，也是在那段时间我又开始写书，写专栏。我想如果我画不动，动动嘴、动动脑还是可以的。于是，自己站到了台前，其实我觉得这样跟给我的学生上课一个意思，一点不紧张，所以很多人通过杂志、电视、微博认识了我。

偶然的机会，我认识了现在的合伙人，成立了一家专门为明星做时尚品牌的公司。两年的时间，我们签约了大概30位明星，当然大都也是我的好朋友。

关于爷们儿这个问题，我觉得就如同女汉子和女神一样，是个很奇怪的问题，每个人都有自己的个性，男人可以霸气，也可以阴柔，只要他真实，为什么大家都要一样，难道大家都要整容整成一

> 男人可以霸气，也可以阴柔，只要他真实，为什么大家都要一样，难道大家都要整容整成一样的吗……

样的吗？我从来没有想过这个问题，也没有关心过，中国这么多人，我哪里有空关心你的想法，我还要实现我自己的想法呢。所以如果有人质疑，那也跟我没有关系。我特别期待有人问我，可是没有，假设有，我想说，SO WHAT! 做自己，做你喜欢的自己，这才是你!

关于我自己，我从来不觉得自己美，陈坤、金城武，那才叫美男子，我只是想做个有特点的人。而所谓的美，有人说符合了所有人的审美，你就是美，你就是时尚；也有人说个性就是美，就是时尚。我想说这是时间才能衡量的，因为时间之前叫作历史，它是恒定的，而之后又是未知不稳定的，这才有了我们的空间。做自己喜欢的，否则你会觉得太亏了。

李云涛

目录
CONTENTS

part 1 护肤篇

1

Skin care

2

part 2 彩妆篇

Makeup

目录
CONTENTS

part 3　服装篇　**3**

clothing

李云涛
时尚书

PatrickLee
Fashion Book

护

专 —— 属 —— 你

值 的

颜 —— 表 —— 爆

肤

篇

颜，容颜、外貌的意思；值，指数。

这「颜值」不仅仅是形容「小鲜肉」的，如果你够帅够美，「老腊肉」或者「不老女神」，这颜值爆表也都是可以轻松驾驭的。

Skin care
护肤篇：
专属于你的爆表颜值！

颜，容颜、外貌的意思；值，指数。颜值，表示人物容颜英俊或靓丽的一个指数，用来评价人的容貌。随着网络时代的热议，这个词也就理所当然地火爆起来。某某明星颜值爆表啦！某"星二代"颜值高啦！某高校"小鲜肉"颜值爆涨！总之，都是变身成吸引你眼球的必备！

这"颜值"虽是形容"小鲜肉"的，但如果你够帅够美，即便是"老腊肉"或者"不老女神"，那这颜值爆表也是可以轻松驾驭的。那到底怎么保持颜值不减，或者怎么才能让自己颜值爆表呢？这便成了无数男女们关心的问题。到底是要浓妆艳抹，还是清新脱俗？总是保持容貌青春不老的明星们是不是又偷用了什么神奇的办法？都成为追捧的话题。不过，请放心总是有办法能让你的颜值也提高甚至爆表一次的。

不过修容得先修心，心里不美，再完美的容颜，一张嘴一走路就会露馅儿。读书学礼仪是男女都要有的起步功课。还记得电影《皇家特工》里的老男人、小男孩吗？老男人岁月不在，风度却在，让无数姑娘为之倾慕。气质在，修养在，你不得不爱；小男孩因得之真髓，修炼内功，洗心革面，最终赢得公主芳心。所以内心的修炼、气质的培养必定是你保持和增加颜值的必经之路。

很多人又说了，那我气质不错，读书可以，修养又够，如果我想要迅速颜值爆表，有没有什么办法？有是有，但一样得付出代价。先说说这爹妈给的容颜，如果不是实在惨得不行，但凡能看，都不建议你去整容，尤其是"动刀动枪"的改头换面，风险大，对父母压力也大，这要下多大的决心。当然，轻微的修正倒是可以的，只要去的不是作坊，安全就好。

当然，每日的勤奋保养也是必不可少，量变绝对是质变的前提，总想着一日爆美，那绝对是不可能的。即使你想说打一针不就美了吗？可那真的不是！配套方法必须仔细配套。化妆造型绝对是最快的方法，凤姐变冰姐，那是可能的！那就不能懒！没有丑女人只有懒婆娘。想要颜值增加，甚至瞬间爆表，包括"直男癌"的兄弟们，想要不被姑娘嫌弃，那就要好好跟着我学造型！安全、踏实又快速，关键是能随时多变，一来二去总能找到专属于你的爆表颜值法！

不同肌肤保养法

混合性肌肤

混合性肌肤的特征

脸颊部位和嘴唇两边是干燥的，额头、鼻子是油油的，下额处经常起些小的痘痘，且两颊毛孔粗大。肌肤状况并不是非常稳定，有时很干燥，有时很油腻，所以在例行保养中，最好是根据当下具体的皮肤状况去改变保养的方法。

权威解决方案

保湿清洁：每天护肤的开始，早晚各一次，如果有化妆，晚上一定要先卸妆。混合性皮肤的人在选择洗面奶时要注意避免选择强力去油的，虽然当时觉得很清爽，但是长期使用的结果却是越洗越油，越洗越干。含有保湿成分的洗面奶是不错的选择，洗完后能够保持很好的滋润度。

有效去角质：一周最多两次，这是护肤中非常重要的一个环节。一味地往脸上涂东西，可是总觉得没什么太大的效果，是因为角质层太厚，影响了皮肤的吸收。混合性皮肤的人因为T区较油，毛孔比较粗，而两颊可能是中性。

必备化妆水：一天两次。混合性的皮肤的人在选择化妆水

时要
注意不要因为追求
收缩毛孔而去使用含有酒精
的爽肤水，并且在只使用一种化妆水
的情况下选择以保湿为主的。一定要用化妆
棉，才能达到均匀、全面的效果。如果在夏天觉得鼻子
特别油，可以在使用化妆水后，把化妆棉敷在鼻子上，半干的
时候拿掉，控油效果一流。

恰当的乳液：混合性皮肤的人在选择乳液时要注意其保湿
和控油的作用，让皮肤恢复适当的水油平衡。一种乳液很
难达到兼具控油和保湿的作用，要用两种乳液。U
区充分滋润，用含植物成分的保养品绝对
是最好的选择。T区使用啫喱，
而U区使用高保湿的面乳
才是最佳的选
择。

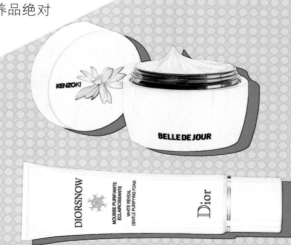

干性肌肤

干性肌肤的特征

皮脂分泌少，皮肤干燥、缺少光泽，毛孔细小而不明显，容易产生细小皱纹，毛细血管表浅，易破裂，对外界刺激比较敏感，皮肤易生红斑。在寒风烈日、空气干燥的环境，以及长时间在空调环境下，皮肤缺水的情况会更加严重。其形成原因有内因和外因两个方面：

1、内因方面，与先天性皮脂腺活动力弱、后天性皮脂腺和汗腺活动衰退、维生素A缺乏、偏吃少脂肪食物、有关激素分泌减少、皮肤血液循环及营养不良、疲劳等有关。

2、外因方面，与烈日暴晒、寒风吹袭、皮肤不洁、乱用化妆品以及洗脸或洗澡次数过多等有关。

权威解决方案

最必要呵护的清洁：一定要选用含有温和表面活性剂（浓缩蛋白质脂肪酸、胡藻碱、植物精油）成分的柔和抗敏感洁面产品洗脸，因其脂质和保湿因子的含量较高。而一般的肥皂或洁面产

有理想在的地方，地狱就是天堂

品会使皮肤干燥，过早出现皱纹。如果皮肤特别干燥，可以只在晚上用温水配合卸妆乳液和柔和抗敏感洗面奶洗脸，早上不用任何洁面产品，只用温水洗即可。

详细的日夜保养进行时：

日间：特别注重皮肤表面水脂质膜的修复和加强，选择成分足、质量好、添加保湿成分、防护性强的日霜是非常重要的。抹润肤产品时，要让其慢慢地渗入皮肤，用中指轻轻画圈按摩，注意不要使劲揉搓皮肤。

晚间：眼部是夜间保养的重点，选择眼部保养品时，尽量以滋润补水为主。面部使用含有滋润、营养成分的晚霜。

特别额外的按摩护理：定期使用按摩霜进行按摩护理，之后可以感到肌肤恢复了应有的透明感，对湿润的肌肤进行化妆修饰，效果自然明显。你也可以用啫喱状的保湿霜，以按摩的方式涂抹在肌肤上，或者用化妆水按摩皮肤，再用卸妆棉擦净，肌肤也会立即呈现晶莹剔透感。

特别干燥的部位使用神奇美容油：美容油的质感更加轻薄，完全没有你想象中那么油腻，干燥的局部可以使用。

人不会因美丽而可爱，而是因可爱而美丽。

"大油田" 肌肤

油性肌肤的特征

皮脂分泌旺盛，多数人肤色偏深，毛孔粗大，皮肤油腻光亮，甚至可能出现橘皮样外观，很容易粘附灰尘和污物，引起皮肤的感染与痤疮等。这类皮肤对物理性、化学性及光线等因素刺激的耐受性强，不容易产生过敏反应。只要注意科学护养，将会给人以一副健康、自然的面容。

如何判断自己是否是油性肌肤：一种方法是早晨起床，用吸油面纸在鼻子上按一下，如果有很多油，那就是油性肌肤。

权威解决方案

全面有效的强力清洁： 为了将分泌的油脂清洗干净，建议

选择洁净力强的洁面乳，一方面能清除油脂，一方面能调整肌肤酸碱值。洗脸时，将洁面乳放在掌心上搓揉起泡，再仔细清洁T字部位，尤其是鼻翼两侧等皮脂分泌较旺盛的部位，长痘的地方则用泡沫轻轻地画圈，然后用清水反复冲洗15次以上。

不能用冷水来洗脸，正常情况下，皮肤温度相对比较高，突然受到冷水的刺激，会引起面部皮肤毛孔收缩，使得毛孔中油污、汗液不能及时被清洗出来，而油性皮肤会更容易出现粉刺和痘痘。

保湿化妆水才是救星：每种类型的皮肤对护肤品成分的要求不同，虽然时下提倡无酒精化妆水，而无酒精化妆水的确较温和，但并非含酒精的化妆水就一定不好。适量的酒精可以收敛毛孔，还有杀菌的作用，对于调理油性肌肤有很大的帮助！对于偏油性的皮肤，适量地酒精反而可以帮助皮肤抗菌、抑菌，提高肌肤的抵抗力，有利于预防痘痘。

乳液控油一定要适度：如果过多或过于频繁地控油，而让肌肤发红、脱皮，一定要停止这些动作并且及时就医，因为再下去皮肤只会越用越外油内干，得不偿失。

肌肤状况可不是一成不变的，春夏和秋冬会有明显的差异。

美丽总是为坚持的人准备的。

所以油性肌肤的也应针对自己在不同季节的肌肤状况，制订合适的护理方案。

先做个小测试：将手指放在鼻翼或两颊，轻轻往上推起，如果出现小细纹（缺水纹），说明有缺水现象，需要多补水。乳液一定不能省哦，关系到皮肤营养成分的补充。油性皮肤选乳液的时候可以选清爽型的。

每周面膜全面提升肌肤能力：日常在选择面膜的时候可以选择具有控油效果的面膜，比如说含有茶树精华、红景天成分、深海植物的面膜。同时，泥面膜也非常适用于油性肌肤，因为它有吸收皮肤里多余油脂的功能。软膜粉、泥浆类面膜，一方面可以帮助吸附肌肤过量的油脂，另一方面也有助于肌肤的深层清洁。

敏感肌肤

真敏感内源性
敏感肌肤特征

肌肤比较脆弱，容易过敏，但是还没有出现过敏症状，需要特别护理。

1.看上去皮肤比较薄，容易过敏，脸上红血丝明显，即通常说的"红脸蛋"。

2.突然会出现很多原因不明的痘痘，使用任何祛痘产品都没有效果。

3.肌肤总是感觉十分干燥，保持水分的能力越来越差。

4.只能使用敏感肌肤适用的保养产品，如果产品使用不当，非常容易导致敏感。

5.在生理期的时候，敏感状况加剧，皮肤粗糙，冒痘痘，同时偶尔出现红肿。

美丽总是为坚持的人准备的。

真敏感外源性
敏感肌肤特征

肌肤通常都是呈现一种皮炎的状况，这是外界致敏物质与体内抗体结合的Ⅳ型超敏反应引起的皮炎状态。

1.使用不合适的护肤产品，偶尔会出现红肿不适，伴随瘙痒，不能立即消失。

2.室内外温差很大，忽冷忽热，面部会出现发热、红肿瘙痒的现象。

3.外界恶劣环境令肌肤越发敏感，伴随脸颊大面积红肿出现。

4.当压力过大，情绪低落的时候，会出现敏感情况。

5.不良生活习惯，经常抽烟、酒精过度都会导致瘙痒。

权威解决方案

A.要选择温和且偏弱酸性的清洁产品，过度清洁会令敏感肌肤本身就很脆弱的表面更加脆弱。在卸妆、洁面的时候，基本要做到"快速温和"。日常使用的卸妆产品最好是挑选一些洗净力稍弱的。化妆品的油分长时间地堆积在毛孔内部是造成粉刺的主要原因。如果是画浓妆，就用洗净力强的油类产品，一口气把彩妆全部卸除。只是上了粉底的话，那么用乳液、啫喱类产品就可以了，然后让其迅速融合肌肤，最后用温水洗净。

B. 选择性质温和的天然保湿水，不要用力拍打自己的肌肤。可以适当地加大力度来补充水分和油分。取出足够的保湿产品大量反复地涂抹。用手轻轻地碰触肌肤，确认肌肤已经足够滋润。然后再直接用手沾取化妆水，按压肌肤让保湿成分被充分吸收。大力拍打的话很可能会刺激娇嫩的肌肤，这也是造成红脸和色斑出现的原因。

C. 偏弱酸性且不添加香料的产品最好，不要选择带有刺激性而且浓度太高的面霜。选择一款滋润型的护肤产品，首先就要强调保湿的"基本护理"，一些特别的护理最好是放到这一步的后面来完成。任何时候都要做防晒,紫外线是敏感性皮肤的大敌。每天给肌肤进行防晒虽然是必须的，但是防晒的产品最好是选择防晒系数较低刺激较小的。含有防晒功能的粉底产品其实也是可以的。

D. 多食用维生素B等维生素补充剂，增强抵抗力。在生理期前和身体状况不安定的时期，最好坚持使用保湿为主的敏

经验是由痛苦中粹取出来的。

感肌用化妆品，这样即使是肌肤不在状态的时候，也可以放心使用。

假性敏感肌肤

外界致敏物质与体内

抗体结合

假性敏感肌肤特征

1.食用会引起过敏症状的食物。

2.碰触或者接触到了外源性过敏物质。

3.户外阳光强烈照射，或者室内外温度忽冷忽热等环境问题引发的过敏。

权威解决方案

1.掌握好洗脸水的温度，最好用温水，千万不要热敷。

2.清洁的时候一定要记住轻柔，过度清洁会让肌肤变得干燥，等于加重了肌肤过敏的可能性。

3.随时随地给肌肤补充水分，肌肤自然就会恢复健康。

4.注意选择防晒产品，对防过敏来说，低刺激最重要，防晒系数大概在20—30就可以。先在耳朵后面试用，48小时内如果没有产生不良反应就可以使用了。

5.过度的保养和丰富的保养品都会让肌肤不断增加负担，应该做减法。

美丽的存在，后天的坚持与努力才是关键。

关于清洁的
那些要知道的事

从清洁开始也在清洁中结束

　　肌肤清洁是所有肌肤保养的第一步，如果肌肤清洁做不好，那么后面所有的步骤都是没有任何作用的，但是也不要过度清洁。过度清洁，身体会传达信息加大油脂分泌，造成油脂过分分泌的恶性循环。皮肤正常的皮脂分泌是有保护作用的，但过分分泌会造成毛孔阻塞、变大，也不能清洁不到位。清洁不到位，皮肤角质不去，其他营养物质没办法吸收，自然就会变老。

肌肤清洁的频率

　　皮肤类型不同的人，在不同的季节，洁面的方法和时间频率很有讲究。在油脂分泌旺盛的夏天，选择清洁力强一些的产品，清洗的时间长一点，每天两到三次；而冬天或者干性皮肤的人每天两次就足够了。

　　通常一天，早晚各洗一次就可以。中午是否要洗，要根据不同情况。假如你在外面跑了一上午，有流汗和灰尘，那最好做一次洁面，以降低毛孔阻塞和痘痘的发生率。天热的时候适当增加，但一天最多不要超过三次。

如果你曾为美丽付出，那么，美丽也一定会回报你。

肌肤清洁的手法

第一步：用温水湿润脸部

第二步：使洁面乳充分起沫

如果洁面乳不充分起沫，不但达不到清洁效果，还会残留在毛孔内引起青春痘。泡沫当然是越多越好，可以借助一些容易起沫的工具。

第三步：轻轻按摩15下

把泡沫涂在脸上以后要轻轻打圈按摩，不要太用力，以免产生皱纹。

第四步：清洗洁面乳

用洁面乳按摩完后，就可以清洗了。有一些女性怕洗不干净，用毛巾用力地擦洗，这样做对娇嫩的皮肤非常不好。

第五步：检查发际

清洗完毕，你可能认为洗脸的步骤已经全部完成了，其实并非如此。还要照照镜子检查一下发际周围是否有残留的洁面乳。这个步骤经常被人们忽略，有些女性发际周围总是容易长痘痘，其实就是因为忽略了这一步。

一般清洁和深层清洁有什么区别？

一般清洁是每天都需要做的护肤功课，可以通过普通的清洁产品来完成。

而单纯依靠洗面奶，是无法完成深层清洁的，要使用深层清洁面膜等产品完成。而且深层清洁不需要每天都做，每周一次或者皮肤有特殊需要时做即可。过度频繁的深层清洁会让皮肤产生干燥缺水等现象。

再坚持吧，你就会，这么美这么媚这么魅。

完美卸妆结束一天

脸部

脸部卸妆是卸妆工作的最主要部分，将整张脸的彩妆彻底卸除，卸妆才算完成。

步骤：

1、将卸妆产品适量抹于脸上。

2、用指腹轻轻按摩脸部，以便让卸妆产品将彩妆完全溶解。

3、注意细小的地方，如鼻翼、嘴角、发际等处，也要彻底按摩。

4、用面纸将脸上所有东西拭去。

5、如果一次卸不干净，同样步骤再来一次，直到完全清除为止。

当你能坚持的时候就不要放弃、因为美丽也在坚持着.

眼部

　　除非你的眼部除了粉底以外没有用其他的化妆品，否则你在卸妆时，应该先卸除眼部的彩妆。卸除眼部彩妆时应使用眼部专用的卸妆液，因为专为眼部彩妆而设计的卸妆品质地更温和，它们通常含有不刺激配方，不会伤害眼周肌肤。

　　当眼线与眼影卸除完毕后，你应该检查是否有剩余的眼线或眼影遗留在细小的睫毛间隙或眼皮皱褶之中。若有残妆，你可以利用棉花棒沾取眼部卸妆液，以与眼睛垂直的方向仔细地将其去除干净，以免化妆品停留在脆弱细致的眼周肌肤上，伤害肌肤。

唇部

嘴唇的肌肤可以说是脸上工作量最大，也是平均化妆时间最长的一个部位，没有好好地卸妆，长期下来积累在嘴唇缝隙中的口红会渐渐地阻碍肌肤正常运作、呼吸，让唇色加深变黑，甚至导致唇部肌肤纹路加深而不细致。尤其唇部不具有油脂分泌腺，彩妆卸除不干净，污垢不会经由肌肤分泌的油脂自动掉落，久而久之，嘴唇便会出现老态。

步骤：

1、将化妆棉用卸妆液完全沾湿，覆盖在唇上静置约三秒。

2、轻轻将唇部的口红拭去。

3、换一张新的化妆棉，同样用卸妆液沾湿。

4、用力将嘴唇向两侧拉开，仿佛发出"一"的音，以便将嘴唇的皱褶撑开。

5、将新的沾有卸妆液的化妆棉再度置于唇上。如果仍有残留的口红存于皱褶中，用棉花棒沾取唇部卸妆液，以与唇部垂直的方向——将其完全拭净。

用最多的爱与坚持好好地面对美丽。

早上保湿技巧

1. 早上洗脸时，用啫喱状洗面奶来清洁肌肤。忙碌的早上，如果觉得将洗面奶搓出丰富的泡沫很浪费时间，可以用啫喱洗面奶来代替。在手上取适量，然后直接涂到脸上，快速又能有效地清洁，让之后的上妆也很持久。

2. 早晨用热毛巾敷脸，按照面部到眼周的顺序热敷。起床后发现肤色很暗沉，可以用毛巾热敷来迅速提升肌肤的代谢能力。将湿毛巾放入微波炉里加热，然后脸上、眼周各30秒，可以消除浮肿，之后涂擦的保养品也更容易被吸收。

3. 沐浴前用刮痧板摩擦肌肤，促进血液循环。感觉代谢不是很好的时候，可以在沐浴前用木刮板进行按摩，等待体温升高时候再泡浴，让你格外轻松，而且适当按摩还可以搓出污垢。从下往上按摩，从距离心脏比较远的地方先开始按摩，感觉按摩的部位开始发热了，就按摩下一个部位。

护肤品DIY保湿

1. 用食用盐磨砂膏去除污垢。在卸妆后使用食用盐磨砂产品。盐具有杀菌的效果，让肌肤不容易长粉刺，而且使用含有盐分的产品，可以深入清洁毛孔内的污垢，令肌肤更加干净。用量大约是1分钱硬币大小。

2. 双重面膜护理让肌肤更加滋润。在面膜上面再敷一层保鲜膜，美容成分的渗透力能得到很大的提高。除了使用市场上销售很好的面膜，也可以使用面膜纸浸泡保湿水来敷脸。

3. 乳液加美容油，提升肌肤的滋润度。美容油中含有大量的油酸，适合用来滋润肌肤。在日常使用的乳液中加入1滴，就可以提升肌肤的保湿效果，让肌肤的柔软度提高；晚间肌肤护理的时候，在化妆水之后，只需要涂擦它，第二天肌肤会格外有光泽。

4. 洗面奶加蜂蜜的混合，可以营造出丰盈的泡沫。蜂蜜除了保湿、杀菌、抗菌的作用，在肌肤出现问题时，在洗面奶里加入1滴蜂蜜，然后轻轻揉出丰富的泡沫，用它来洗脸，可以缓解炎症，提升肌肤的透明感。

5. 补妆的时候可以使用乳液来滋养干燥的肌肤。当脱

每一种创伤，都是一种成熟。

妆、皮脂浮在表面的时候，可以用化妆棉沾取适当的乳液，然后轻轻按压肌肤，清除脱妆的部位，同时滋养肌肤。

6. 抗衰老眼霜可以用于眼睛以外的其他部位。美容成分含量很高的抗衰老眼霜，除了眼周，还可以用到嘴角、鼻翼等部位，重度干燥的地方可以反复涂擦，可以让肌肤恢复活力。

卸妆保湿技巧

1.可以使用发热卸妆膏，轻松地清除深层的污垢，涂擦在肌肤的瞬间会产生温热感，快速地用手掌将其涂开，可以感觉到角质层的软化，毛孔深处的污垢都可以被彻底清除，肌肤摸起来很柔滑细腻。

2.肌肤状态不好的时候，用可以全脸使用的卸妆油轻柔地卸妆干净。敏感肌肤、肌肤状态不稳定的时候，不要使用局部卸妆产品，而是在化妆棉上滴上卸妆油，在眼睛、嘴巴位置停留一下，让化妆棉轻柔地卸妆，最小限度地给肌肤刺激。

一个人的美不在外表，而在才华、气质和品格。

肌肤完美术
正确使用手中的美妆神器

正确的保养手法才能事半功倍

美肌法之化妆水使用法

1.化妆棉微不足道——你的观念很有问题哦!优质的化妆棉要具有较强的释水能力,能挤出水分越多的越好。

2.用足够量的化妆水浸润化妆棉,一定要确保正反两面都充分浸湿,千万不要吝啬用量。

3.以轻轻拍打的方式让化妆水渗进皮肤,千万不要用指腹直接拍打。

4.鼻翼等边角地带也要照顾到,化妆棉比手指更好控制。

5.用双手包覆脸部,确保化妆水被吸收而不是被蒸发。

不用手的原因:用手也是可以的,只是手掌上有很多细纹,很容易将营养成分吸收到手掌中,这样您的爽肤水使用到脸上的效果就不是那么好了,而且化妆棉可以帮助去除面部的角质,可以使护肤品更易吸收。

美肌法之精华涂擦法

精华一般是在化妆水后使用,精华的作用在于帮助巩固和促进肌肤对营养的吸收,为肌肤提供充分的滋养。涂抹化妆水后,

取足量的精华液于掌心，在手部搓均匀后，分别轻点于额头、两颊、鼻子、下巴，用全部指腹的第二关节轻轻覆于脸庞，由内往外轻柔缓慢地将精华液涂抹至全脸肌肤。容易出现斑点、暗沉的两颊处，再使用指腹前端以画螺旋形状的技法，由内往外按摩；有暗沉感却易被忽略的眼尾褶皱处，用食指和中指指腹轻轻撑开后，用另一只手的中指指腹轻轻地按摩。两手掌包裹两颊、下巴等脸部肌肤，透过手温帮助成分被吸收。

每次大概1分钱硬币大小的用量就可以。

美肌法之关键部位的护理

有些人使用乳液常常只涂抹脸部而忽略了脖子，其实，脖子部位的油脂分泌量非常小，更需要补充水分及油脂。因此一定要养成一个护肤习惯，每次涂抹护肤品时都要将动作延伸至脖子，涂抹上与脸部相同的护肤品，更何况脖子是泄露女人年龄的关键部位啊！

美肌法之乳液使用法

不仅是爽肤水要用化妆棉来涂抹，乳液也要用化妆棉。

这样可吸收得更好，而且不会造成皮肤的负担。使用化妆棉是不会浪费您的保养品的，相反会更节省。

建议使用方法：爽肤水在化妆棉上倒1元硬币大小的用量即可，也可以多倒一些，用轻轻拍打的方法拍到脸上。如果想去角质，可以用从内至外的方式擦拭脸部。乳液使用5角硬币大小的用量，这时不用更换化妆棉，均匀涂抹即可。

美肌法喷雾的用法是什么？

1. 喷：喷雾距离脸25～30厘米，稍微仰头，尽可能承接最多水分。2. 弹：像弹钢琴一样，用指腹轻弹全脸，帮助水珠吸进肌肤里。3. 拍：5分钟后，用面纸轻轻将剩余水分拍干，避免蒸发掉。

美肌法之涂抹
防晒霜／乳的正确用法是什么？

首先是化学防晒霜，可将防晒霜分别点在不同部位，然后用指腹推匀，再以大范围画圆方式，将防晒乳涂均匀，最后再加强涂擦鼻尖等容易晒伤的部位。物理防晒霜用拍的方法比较好，取适量于指间或掌心，轻轻匀开后在需要防晒的部位拍开、拍匀即可。防晒霜分子很大，不要多揉、多按摩硬把它挤进毛孔，那样很容易"搓泥"，也会堵塞毛孔，反而降低了防晒功效。防晒霜的使用须达到一定厚度（太薄达不到应有的防晒效果，太厚又会给皮肤造成负担），一般情况下要多于面霜，至少有1元硬币大小的量，一瓶30毫升的防晒霜，在夏天应该一个多月就用完。一般的涂抹量为每平方厘米2毫克，一对手臂一次应涂抹2~2.5克，面部一次应该涂抹1~1.5克。紫外线对皮肤的伤害即使在冬天、在室内、在阴天都会存在（在阴天或者树荫下，紫外线强度只会减少大约30%），所以防晒霜的使用要四季坚持，风雨无阻。

一切伟大的行动和思想，都有一个微不足道的开始。

不老童颜
金字塔美肌保养术

"金字塔" 提升面部按摩法

　　根据10年的美肤经验，全新总结，不老容颜 "金字塔" 美肤法。全新的保养体系和产品使用方法，"金字塔" 美肌新方法。

"金字塔" 美肌法

洁面仪器清洁——化妆水——化妆水+基底液——基底液+精华液——精华液+乳液——防晒

眼部精华——眼部精华+眼霜（早、晚）

"金字塔" 不老容颜眼部按摩法

1.先用双手的中指指腹于眼角位置轻压3秒，再沿着上眼睑轻压至眼球处并停留按3秒，接着按至眼尾位置，同样停下轻压3秒。下眼睑则由眼尾按压至眼角。

2.将双手搓热，然后将掌心轻覆于双眼上，数到10即可。

3.用食指、中指和无名指沿着下眼眶，按照从眼角到眼尾的方向轻轻按摩3次。

4.把拇指放在眼角处，按照从眼角至眼尾的方向轻轻按摩上眼睑，最后适当按压太阳穴，重复3次。

5.伸出双手的中指和无名指，分别轻放上、下眼睑处，由靠近鼻梁处轻轻滑到太阳穴，如此重复3次。实际上就是俗称的"剪刀手"，但请一定要滑到太阳穴的位置，并且在太阳穴的位置画一个"∞"。

"金字塔"不老容颜面部按摩法

1.双手沾上面霜，手指从眉心向外滑动，有助减淡"火车轨"（抬头纹）。

2.用指腹轻按眉心，两指按住眉头左右按摩，有效阻止"川"字纹形成。

3.双手轻按面颊，从面部中央向外涂抹面霜。

4.手指按住笑肌一前一后轻按，刺激肌肉，进而达到收紧之效。

5.把面霜同时涂于颈部，从下至上轻按颈部。

6.用两只手掌向外地按摩下巴，可减退双下巴。

7.点按鼻子旁边的迎香穴。

8.点按耳前的太阳穴。

9.点按耳后的面部淋巴结节。

10.由耳后的淋巴结节推滑到颈部然后到锁骨。

11.最后轻轻拍打腋下的身体淋巴结。

心小了，所以小事就变大了。

美肌断食法

重塑肌肤的完美升级

到底什么是肌断食？这是一位日本护肤专家发明的名词。意思是说，当皮肤状态不佳时，盲目地擦太多护肤品这样不但徒劳无功，还可能造成负担。在特殊时期"饿"皮肤一下，让皮肤得到适当的休息，归零后再启动，对护肤品的吸收会更加顺畅，让肌肤完美升级。这种新的护肤方式，并非真的让皮肤"断食"，而是更像"节食"。将我们每日的卸妆、洁面、爽肤、精华、面膜、眼膜、补水、保湿、美白、抗衰老、面霜等等复杂耗时的程序尽量简化，让皮肤在简单的护肤程序中得到喘息。

那什么时间进行这样的"肌断食"皮肤治疗方式最好呢？

1.生理期开始前3天至生理期一两天，肌肤最容易闹情绪，这正是肌肤开始断食的好时机。等到生理期结束，肌肤正好进入吸收力巅峰的卵泡期，是进行密集保养的好时候，保养效果也最佳。

2.换季时，水油分泌容易失衡，肌肤也变得敏感粗糙，过多的保养品反而是负担，选一周来进行肌肤断食，有助于肌肤适应季节变化，找回自身的水油平衡。

心变大了，所有的大事都变小了。

具体怎么进行"肌断食"疗法？

——首先要拟定断食计划。

以肌肤问题比较严重者来讲，可以做一个"肌断食"的计划。这个计划适用人群：营养过剩型暗沉、痘痘、毛孔粗大等问题，一丝不苟地护肤，但脸色仍然没有好转。

首先，肌肤不依赖，让其养成自愈力。肌肤原本就有自我修复力，并非一定要靠护肤品才能正常运作。长期依赖过多的精致护肤品，肌肤的调适能力会变差，一旦遇到身体、环境、温度等内因外因的变化，就非常容易出状况。适时减量保养品，反而能刺激肌肤运作，状态更加稳定。

其次，可以了解自己的真正肤质。其实很多人并不清楚自己的肤质，不知道究竟该补水还是抑油，很大程度上是因为使用的护肤品"从中捣乱"，补水和调节作用掩盖了肌肤本身的真实状态。给肌肤"断食"等于减少了外界的干扰，让肌肤恢复原本状态，更容易观察肌肤真正的需求，从而补充适当的护肤品。

最后，可以帮助护肤品吸收。过多的保养成分就像太过精致的美食，长久下来惯坏胃口、耗弱吸收力。如果你总觉得护肤品用起来没什么效果，不见得是用得太少，极有可能是用得太多。适时帮肌肤"清清肠胃"，对于护肤品之后的吸收力反而会更好，从而达到提高护肤的效率，让护肤品更大地发挥作用，这样不但效果更明显，还能节约护肤方面的开销。

"肌断食"TIPS

1. "肌断食"必须在湿度佳的地方进行，并避免紫外线。在干燥环境下，任何肤质都会呈干燥状态，所以最好不要在有空调的地方进行肌肤断食。此外，肌肤断食时皮肤没有任何防备措施，一定要避免紫外线的照射。肌断食期间最好配合饮食，尽量清淡，多吃新鲜蔬果，多饮水。

2. 滋润的夜间乳液以及晚霜，改成早上用。肌肤就像肠胃一样，断食之后的吸收会变得特别好。前一晚的保养除了基本的清洁工作之外不再进行其他保养，什么都不擦的肌肤经过一整夜的断食，吸收力会明显提高。第二天一早就可以使用本来应该晚上用的夜间乳液或者晚霜，保证肌肤将营养全部吸收，而且再也不用担心太过滋润会导致浮粉。局部特别缺水的地方可以再多搽一层，让肌肤水油平衡。

3. 根据肌肤"拉警报"的轻重，决定施行"肌断食"时间的长短。肌肤出现前面提到的适用于"肌断食"的状况时，应该赶紧施行肌肤断食保养法；一旦肌肤有好转的现象，就算只有一天也可以停止"断食";如果并没有康复,那就再实行一天,等肌肤恢复正常后,就可以回到常规保养的方法了。

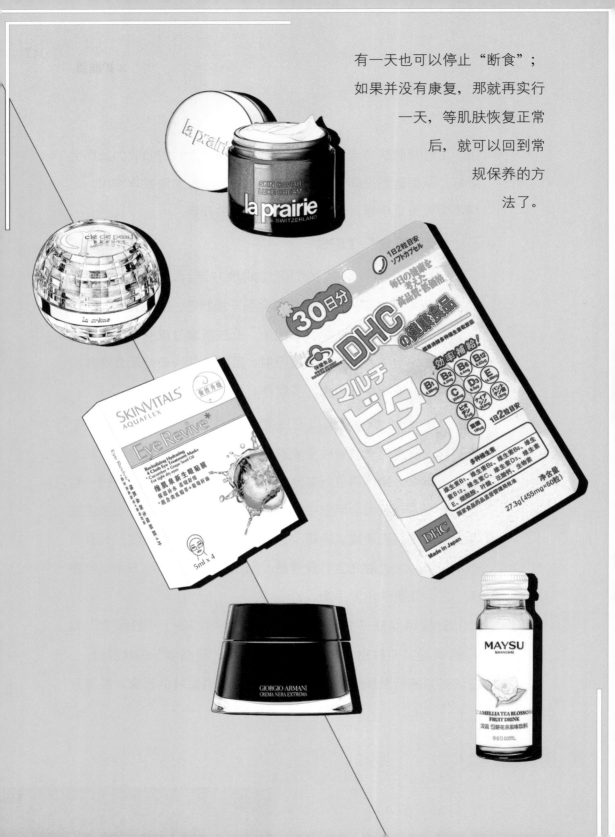

4. 断食期间不要化妆，可以选择在较为湿润的环境中进行，同时避免日晒。尽管"断食"，但某些护肤程序仍必不可少，清洁一定要做好，尽量选不起泡的清洁品，避免用力揉搓。护肤品只用保湿品，美白、抗皱等产品建议暂缓使用。尽量使用液态护肤品，建议仅使用清爽的精华素代替其他护肤品。

雾霾天气
如何拯救自己的肌肤

筑起美丽防线

对肌肤的危害

当雾霾天出现时，空气中的悬浮物变多，其中多含有灰尘、硫酸、硝酸、有机碳氢化合物等粒子。这些悬浮物粒子很小，直径平均只有10～20微米，很容易附着在我们脆弱的肌肤上。

容易给肌肤带来过敏、发炎、毛孔变大、肤色晦暗、成人痘等问题，而这些问题都会加快肌肤衰老的速度。每天，我们不得不在汽车尾气、粉尘、雾霾中穿梭，而大小约为发丝截面1/20的PM2.5污染颗粒会深入毛孔中，给肌肤带来炎症、过敏，甚至使肌肤各层细胞分子毒素产生率大幅上升。当难以计数的细胞分子毒素成倍滋生、积累，肌肤年轻结构被破坏，连正常再生功能也被阻碍时，肌肤老化进程也就因此而加快了。

阻隔这种成分侵害应该在护肤的部分从哪些角度考虑和注意？如果因雾霾已造成的肌肤老化问题，现在该怎样改善？

保护角质层

皮肤是人体最大的器官，用于抵御外界不良因素侵扰，而位于表皮最外层的角质层则是发挥"屏障功能"的主力军。健康健全的角质层是皮肤最重要的第一防线，角质层中的角质细胞相当于砌墙用的"砖"，而细胞的间脂质则相当于填充在砖块间并将砖块紧密贴合的"灰浆"，把一层层角质细胞粘合起来。

健康的角质层可以抵御外界环境中的强酸强碱，以及生物毒素的短时间侵袭，同时它还能锁住水分阻挡蒸发，减少小分子营养物质的流失。**一旦造成角质层受损，皮肤的屏障功能会随之下降，使皮肤容易过敏或不耐受，也容易导致微生物感染。**在雾霾频繁的当下，减少去角质护理的次数是明智选择。如果皮肤易干燥紧绷、敏感泛红，说明角质层屏障功能可能受损，这时候最好选择成分简单、温和天然的保养品，降低化学成分对角质层的刺激，使角质层慢慢自我修复。

早晨起床，只需简单温和地清洁肌肤即可。**可以用温热的毛巾捂脸片刻，唤醒肌肤之后再用温水清洗全脸。**倘若肌肤油腻，你可以在局部使用洁面乳加以清洁，或是用含有碳酸成分的洁面泡沫清除多余油分，为肌肤带来更多活力。

在接触了一整天尘埃、汽车尾气、空气悬浮颗粒等各种污染后，清洁必然是夜间护肤的重头戏，必须将残留于毛孔中的污垢彻底清除。建议选择乳或膏状的洁肤产品，产品具有强大的吸附能力，因而能更有效地将污染物带出毛孔。值得注意的是，应当先用起泡网搓揉出大量泡沫，用手指指腹蘸取泡沫，轻柔画圈按摩肌肤，时间必须控制在 1 分钟以内。过长时间的按摩不仅会对肌肤造成额外刺激，更有可能将已经揉出的各种污垢再次推进毛孔。之后，用流动的温水彻底冲洗全脸，切勿使用过热的水，这只会令清洁后的肌肤变得干燥紧绷。

出门前涂抹隔离霜

涂抹隔离霜是保护化妆皮肤的重要步骤。涂抹隔离霜可将皮肤与彩妆产品进行隔离，给皮肤提供一个清洁温和的环境，形成一道抵御外界侵袭的防备"前线"。

也有一些不化妆的朋友由于没有准备隔离霜，而涂抹防晒霜，其实，很多隔离霜的基本功效已经与防晒霜无异，可以说是低SPF值的防晒霜，只是在防晒系数是否具备修饰肤色的功能上有差别。而在雾霾天气里，紫外线对皮肤的辐照量不是很强，隔离霜既可以代替防晒霜，还可以隔离污染与脏空气对肌肤的侵害。

觉得自己做得到和做不到，其实只在一念之间。

外出归来清洁肌肤勤洗脸

身处在雾霾天气里，空气中的尘埃较多，这时脏污很容易飘落在我们裸露的肌肤上，沉积多了，肌肤会容易产生粉刺，堵塞的毛孔易滋生细菌导致皮肤发炎。过敏性皮肤的人此时更应注意肌肤的过敏现象是否严重，外出归来后应立即清洗裸露部位的肌肤，注意清洁肌肤勤洗脸，特别是化彩妆和使用了隔离霜后，更要重视清洁工作。

隔离霜中不仅含有防晒剂，还会有色粉，所以在清洁上要采取和卸妆一样的手段。对于一般防晒型隔离霜，可以使用无泡型洗面奶，洗完后如果觉得皮肤太油，可以再用泡沫洗面奶洗一次；对于粉底型隔离霜，最好选用清洁油、清洁霜来卸妆。一定要清洁彻底，否则隔离霜会和彩妆一样影响皮肤的正常功能。

清除体内自由基

污染物进入人体后产生的自由基要比吸烟多很多，所以当我们遭遇雾霾天气的时候，除了要做好隔离，还要清理体内产生的自由基，这样才能够从里到外地全面保护身体。对抗自由基的唯一有效方法是补充抗氧化剂，经常饮茶和服用维生素C、维生素E可消除自由基，因为茶中含有的茶多酚就是一种抗氧化物质。大家在吃维生素E的同时，兼吃维生素C，可以加强和维持维生素E的抗氧化作用。饮食宜选择清淡易消化且富含维生素的食物，多饮水，多吃新鲜蔬菜和水果，这样不仅可补充各种维生素和无机盐，还能起到润肺除燥、祛痰止咳、健脾补肾的作用。少吃刺激性食物，多吃些清肺化痰的食物，如梨、枇杷、橙子、橘子等。为了消除体内的自由基，要多吃含有抗氧化剂的食物，如菠菜、山楂、胡萝卜、黄豆等。

注意不要熬夜

熬夜可是肌肤养护的大敌，因为睡眠不足，即使是第二天补觉，都会使肌肤细胞的各种调节活动失常，并影响表皮细胞的活力。积聚了一天压力，损伤的肌肤细胞如果没有在每天新陈代谢最活跃的时段得到休整修复，那么所产生的毒素也将堆积无法代谢，从而导致肌肤老化。所以，每天至少要保证8小时的睡眠时间，并把握住晚上10点至次日凌晨2点这个黄金美容时间段哦。

一个今天胜过两个明天。

全面排毒

雾霾天气也会对肌肤的自身排毒功能也造成一定的影响，想要加速细胞排除毒素、改善肌肤暗哑缺水状态的朋友可以**好好利用晚上11点到次日凌晨5点这一段时间进行肌肤护理。**如在这个时间段中涂抹含有透明质酸、胶原蛋白、赤芝多肽、赤芝多糖等成分的护肤品，能有效促进肌肤夜间的新陈代谢、补充水分、排除毒素。

倘若天气预报显示今日的污染状况特别严重，那么你在当日需要摄入的饮水量也应增加到平日的 2 倍。充足的饮水不仅有助于维持肌肤水润舒适，还能帮助呼吸器官的黏膜避免因缺水而变得干燥，防止有害物质渗入人体器官。

此外，每天午餐后，你需要为肌肤进行简单的舒缓排毒，加强肌肤的抗污染能力。选用含舒缓成分的保湿喷雾喷洒在办公环境中，或是在室内打开加湿器，淡化室内污染物的浓度，也有助于避免空气中的灰尘直接附着在肌肤上。

只要有信心，人永远不会挫败。

美丽TIPS

1、常备人工泪液

环境污染还会对眼睛和呼吸器官造成刺激。如果经常感觉眼睛发痒？你很有可能得了结膜炎。对于轻微症状，含有透明质酸、不含防腐剂的人工泪液就能起到缓解作用。使用时，必须将人工泪液充盈于整个眼部。倘若症状严重，可以使用含有聚维酮碘和羧甲基纤维素成分的滴眼液。

2、洗涤鼻腔

外出回来后，除了洗脸，你还需要清洗最容易吸入污染物的鼻子。可以用清水或是生理盐水洗涤鼻腔，将污染物清除掉，同时缓解因缺水而引起的鼻腔干燥。

3、饮茶排毒

五味子茶有助于缓解咳嗽和过敏性皮炎症状，葛根茶则具有不错的重金属解毒功效。此外，蜂蜜柠檬水也有助于增强人体免疫力。

五味子茶：1升水中加入30 克五味子，然后加热煮到水量减半。

葛根茶：2升水中加入50克葛根，水开始沸腾后，关火 10 ~ 15分钟，然后继续煮。

蜂蜜柠檬水：将2片柠檬与1勺蜂蜜加入250毫升温水中充分搅拌即可。

4、出门戴口罩

雾霾天气，口罩最大的好处是可以防止粉尘颗粒接触皮肤或进入呼吸道。只要会搭配，口罩也能戴出时尚感。

5、面膜集中护理

在湿润的面膜紧紧覆盖在脸上的时候，形成一个独有的空间，一方面释放营养；一方面也起到隔离的作用——防止膜内水分流失，而角质层细胞则会在这种环境中"猛吃营养"，使深层细胞的胶原质吸足水分，这样皮肤便会很快变得柔软有弹性。而在将面膜缓缓贴到脸上的时候，面膜会将皮肤收紧，增加皮肤张力，让整个面容都显得年轻起来。

长期、有效地坚持敷面膜，在解决肌肤问题的同时，肌肤表面的细胞维持在一个饱满、健康的状态，不但看起来年轻水润，还可以阻隔外界带来的伤害，如同给肌肤加上了一层保护膜。

漫无目的的生活就像出海航行而没有指南针。

不惧熬夜
熬完也是漂亮美脸蛋

15分钟轻松拯救困倦肌

熬夜带来的肌肤问题主要有哪些?

1. 毛孔粗大：熬夜不但会让油脂分泌过多，还会使肌肤变得粗糙没有光泽，毛孔也变得日渐粗大。

2. 熊猫眼：经常熬夜，会让眼周的微血管循环不良，造成血液淤积，而出现暗灰色的眼圈。

3. 长痘痘：熬夜会加速肾上腺素的分泌，让皮脂增加而堵塞毛孔，引起黑头、粉刺与痘痘。

4. 双眼浮肿：睡眠不足会使眼部的淋巴循环不良，再加上晚上喝太多水，使眼周肌肤蓄积过量水分，呈现双眼浮肿。

5. 肤色暗沉：半夜不睡觉，会减慢肌肤表皮的血液循环速度，肌肤就会显得暗沉、发黄，缺乏明亮的光彩。

6. 脱皮：熬夜后，因为肌肤血液循环减弱、内分泌失调，让肌肤干涩，很容易出现局部脱皮的现象。

7. 水油失衡：长期熬夜、不规律的作息，会导致内分泌失调，肌肤的水油失衡，使得油脂分泌增加，而保水性不佳。

00:00 工作到午夜时分，已过了最佳睡眠时

人只要不失去方向，就不会失去自己。

间，算是重度熬夜了，熬夜前可以利用15分钟护肤功课来减轻熬夜带来的负担。

1. 彻底清洁肌肤。夜晚皮肤的屏障功能相对减弱，使得更多的不良物质得以乘虚而入。因此，在做任何护理之前，一定要将皮肤彻底地清洁干净。清洁之前要用卸妆产品彻底清除彩妆、灰尘对毛孔的污染，再使用洗面奶清洁整个面部。之后用去角质产品，一边温和按摩一边去除角质，加速肌肤血液循环，以便之后精华的吸收。

2. 收缩毛孔，补充水分。使用化妆水，可以迅速补充水分。油性皮肤使用爽肤水，干性皮肤使用柔肤水，混合皮肤T区使用爽肤水，敏感皮肤选用修复水。爽肤水也称紧肤水、化妆水等，它的作用就在于再次清洁以恢复肌肤表面的酸碱值，并调理角质层，使肌肤更好地吸收。

3. 面膜的使用。夜间面膜不单单只提供美白的效果，大多数都同时兼具保湿、紧致、抗衰老功效，让美白和滋润一步到位。另外在面膜中加入强效抗氧化成分等修护配方，利用面膜能迅速吸收的特点来达到护肤美白的目的。

4. 滋润眼部肌肤。熬夜一定会有黑眼圈、眼袋、眼部细纹等问题，所以一定要重点护理眼部肌肤。在用完面膜给肌肤表面摄入营养后，眼部精华和眼霜的使用就尤其重要。

5. 面部保湿抗氧化精华。在使用精华后的12小时内，肌肤的状态应该说是非常好的。精华成分能将营养"锁"在肌肤里面，减少流失。

6. 肌肤深层修护晚霜的使用。晚霜中的油溶性成分容易溶解在毛孔的皮脂内，在皮肤的深层迅速扩散开来，广泛被肌肤细胞吸收。

7. 隔离霜或者BB霜的使用。熬夜看球赛，一直对着电视屏幕，还是会有辐射的伤害，但是夜间使用隔离霜要适当地减少用量，轻薄地涂一层就可以。如果会拍照留念，也可以选择有多重功效的BB霜，在防护同时还可以滋养肌肤，同时因为有润色的效果，所以即使在夜间拍出来的照片，也是美美的。

03:00点的肌肤安慰

"裸"脸对着屏幕会损害肌肤吗?

——当然会，而且如果防护不当，问题很严重。

你是你生命的船长，走自己的路，何必在乎其他。

1. 屏幕产生的电磁辐射会直接侵害面部皮肤，导致皮肤缺水干痒、肤色变黄、产生细纹，出现干性肤质越来越干、油性肤质越来越油的恶性循环。

2. 屏幕处于开启状态下的静电作用会使显示屏表面吸附许多空气中的粉尘和污物，使近在咫尺的皮肤处于一个肉眼无法看见的"脏兮兮"的环境中，加快皮肤的氧化和衰老进程。

3. 长时间面对屏幕还会伤害眼睛，导致眼睛干涩、疲劳、怕光，眼部肌肤容易老化，黑眼圈生成并逐渐加重。

凌晨三四点也可以修护下还没睡醒的肌肤，利用15分钟来个二次护肤。

1. 补充一定的维生素可以缓解疲劳，对皮肤也有一定的保养作用。可以准备复合维生素泡腾片，在凌晨3点左右的时候，通过维生素的补充，提高免疫力，抵抗因为熬夜产生的肌肤和身体的问题。

2. 一定要准备有补水和保湿效果的喷雾，可以在皮肤感到干燥的时候进行紧急补水。

夜间看球不管你是在酒吧、空调房还是户外，都会因为热或者冷，造成肌肤水油不平衡的状态，尤其是水分的缺失，更是肌肤的杀手，所以一定要准备好一瓶有保湿锁水功效的喷雾，每隔半小时就在面部周围喷洒。

3. 眼药水和眼部按摩。眼药水，可以缓解眼睛干涩等问题，这样防止第二天眼睛红肿或者红血丝的出现，但是不要过度使用，大概在三四点的时候使用就可以。同时可以给眼部按摩：首先在眼睛四周点上薄薄的一层眼周按摩霜，然后按内眼角、上眼皮、眼尾、内眼角的顺序轻轻按摩，直至肌肤完全吸收。在按摩的过程中，轻压眼尾、下眼眶和眼球会感到格外舒爽，当然要提醒的就是，必须是在完全裸妆的情况下才可以按摩，如果眼部有彩妆，必须卸妆才可以进行。

早上6点的醒肤
如何在15分钟内完成早晨的护肤和化妆过程？
哪些步骤可以偷懒省略？

1. 细致去角质，改善肌肤暗沉。肌肤暗沉无光，用颗粒细致的磨砂产品，或是含有果酸成分的去角质保养品，帮助清除过厚的老废角质，肌肤立刻就能恢复光彩，不过定要适度。把角

生活充满了选择，而生活的态度就是一切。

质去得太彻底绝不是件好事，那样只会让皮肤变得异常敏感。此外，要改善暗沉，促进循环是必要的，利用具有保湿力的乳霜或是按摩油，点在额头、两颊和下巴四个位置，以向外画圆的方式按摩全脸，不但可帮助循环、保湿，还可帮助软化角质，会有意想不到的亮肤效果。

2. 立刻去除黑眼圈。因为熬夜，头颈一直处于直立状态，血液会从眼睛外侧的发际处往下流，一旦身体疲劳、代谢不良，血液循环的速度会变慢，就会滞留在下眼睑形成一圈发青的色块。利用微温的毛巾轻敷双眼，接着敷上眼膜或搽上眼霜，并用指腹轻轻按压攒竹、睛明、承泣等穴位。若不确知穴位在哪里，就沿着整个眼眶轮廓慢慢做指压，以加速眼周血液的循环，使滞留不散的瘀血消散，最后再加点遮瑕类的彩妆即可。

3 早晨上妆。如果早晨起床发现眼睛有些水肿的话，尽量避免使用粉色或是紫色系的眼影，因为这两个颜色会让眼睛看起来更肿大，建议使用棕色或是灰色系的眼影让眼睛看起来有神。如果早晨肌肤看起来不是那么有生气的话，那么就用彩妆将它"活跃"起来吧，尝试使用铜色系或是金铜色系的高亮粉扫于鼻梁、两颊和下颚处，以突出脸部立体轮廓。

东方植物
美肤塑颜术

神奇东方美容法

逢山水，可以心验山水之性；见花草，可以心验花草之性；处世间，可以心验人情之性；临病症，可以心验正邪之性。因为家里有多位大夫，所以很小的时候，这些道理就萦绕耳边。记得晒干的橘皮、甲鱼的外壳，还有野地里叫不上名字的花草，都可能是入药的良方。页正是那时，我对中草药以及中医美容的方式方法有了懵懂的了解。

刚到北京上大学的时候，因为水土不服，加上本身过敏性的肤质，基本上彻底毁容，脸上大红痘、小红痘，还有痘印以及伴随的肌肤敏感，而对护肤知识完全不了解的我，对护肤产品的选择自然是不可能得知的。但也因此，才跟中医美容结缘。由于我的问题需要内外同时调理，所以我定期地去中医药大学的国医堂买内服的消痤丸，由内部调理肠胃以及身体本身的问题。接下来，外用添容丸。说到这里，要讲下这个方子，添容丸对于治疗痘痘效果极佳。**此方为轻粉、黄芩、白芷、白附子、防风各等量，共研为细末，用蜂蜜调好，做成丸子。每日洗脸后，用以擦面。**同时，还要用白芷煎剂作为化妆水。白芷味香色白，白芷煎剂对体外多种致病菌有阻碍的用处，并可完善微循环，致使表皮新陈代谢恢复，从而延缓表皮衰老。当然，为了确保能够更加快速地去掉痘痘，我还会用菟丝子苗绞汁涂于患处，每日3到5次，连续涂抹至痘痘消失止。

　　所以大学时候跟我同宿舍的的小伙伴大都会认为我有点神神道道，没事就跑中医药大学，然后每天都要涂一些味道极其怪异的糊糊，还要吃一把一把的小蜜丸。**除过以上这些还有就是严格的作息习惯，以及绝对不碰油腻和辛辣的食物。**经过大概7个多月的调理，可以说我就像换了一个人，用一句绝对自信的话说，由内而外，宛如新生。当然，因为自己的改变，很多同校的"痘友"都奉我为"男神"，当然这也是因为可以帮助到大家，做到真正的改变，而我也坚定了自己踏上美容美妆这条路的决心。

　　中医美容不仅仅限于中草药的运用，除了内服外用外，中医美容注重整体，将容颜与脏腑、经络、气血紧密联结，中药内服、外敷、针灸、推拿、气功及食疗等手段均体现出动中求美的观点，使精气畅通，并且简便易行、安全可靠，作用广泛而持久。其中，推拿也就是我们通常所说的美容按摩，是被很多人所熟知和体验过的方法。我结合自己对于各个方面的理解以及十多年的实践，总结了一套完善的东方美容按摩法，**按照此手法按摩，使其经脉宣通、气血和调、补虚泻实、扶正驱邪，从而延缓皮肤衰老，促进容颜姣好。**

　　当然，在这里我也毫不保留地教给大家，如果你正在读这篇文章，可要认真记好，然后加以实施，数日坚持，必定有特别完美的效果。

东方云式美肌按摩法：

首先，双手中指、无名指和小指并拢，从嘴角稍微偏下的地方开始把脸颊的肉推到鼻子的下方，重复3次。然后，从下巴中央开始揉向耳后。用中指和食指按摩，从下巴的中央开始沿着脸部的轮廓直到耳朵后面的淋巴结处，在耳根处按一下。接下来，从眉头开始向眉尾按摩，用食指和拇指夹住眉毛，从眉头开始按至眉尾。这对于缓解眼部疲劳和浮肿也有效果。最后，按摩脖子到锁骨的部位再到腋下。这里同样是身体进行新陈代谢的重要路径，如果不进行按摩的话，会造成血液以及淋巴的循环不畅，进而引起浮肿和暗斑。当然，整个按摩过程需要使用乳液或者面霜，按摩时以感觉微微酸痛为宜。

　　总之，不管是中草药的神秘配方还是调理经络的按摩，都要以体处之，以心验之，循序渐进，达到心中完美的效果。

化妆品保存的那些事

从清洁、护肤到彩妆，很多人都有着成堆的化妆品，你重视过它们的保质期吗？你会正确保存化妆品吗？过期化妆品你会立刻扔掉吗？

有人说过期化妆品＝毒药，虽然这种说法有点夸张，但过期的化妆品确实对肌肤危害很大。但你知道吗，并不是"没过保质期就不算变坏"，其实，所有化妆品的保质期都是指未开封的情况下能保存的年限，如果产品一经打开，寿命就立刻减掉一半多。

保存化妆品的窍门

1.防水、防日照。化妆品可是见不得光的，因为化妆品内的物质多是化学合成的，就算是含有天然原料的化妆品也还是会有一些化学处理，水气和日光容易让化妆品起化学变化，改变其组成，产生质变，严重的会直接导致肌肤过敏等。

2.一定要定期检视。一般的化妆品差不多都有3～5年的保质期，但是那是指未开封之前的新鲜期限，通常开封后的化妆品，因为跟空气或者手指等接触，保质期会缩短到2年。为了安全起见，最好开封使用前在瓶身标示拆封日期，还要定期检视化妆品是否有出油、油水分离等异状出现。

3.可以放到冰箱处理。如果有把保养品放冰箱里的习惯，一旦进行了就别再改变，在低温的环境下化妆品的保存期限会更长。但要记得拿出冰箱的时间不要太长，以免化妆品忽冷忽热，反而更容易破坏其组成。而且一定要跟我们平时的食物分开，最好准备专门的常温小冰箱。

4.工具的处理非常的重要。化妆工具如刷子、眼影棒、粉扑等，直接接触皮肤和化妆品，容易把皮肤上的油或汗沾到化妆品上，所以也要定期地清洗，这样才不会影响化妆品的品质，也不会引起颜色的混杂造成化妆品色彩变异或不均匀。

很多人完全信奉标注的保质期，"不到期就不算坏"，其实保质期只是标准之一，那么我们如何通过自己的感知判断化妆品是否过期了呢？

通常来说，一般护肤品的有效保质期是2年，也有一些是1年，比如所有无添加的产品的有效期是1年，开封后就要在1年内全部用完哦。记住，所有的保质期都是指未开封的情况下能保存的年限，如果产品一经打开，就要尽快用完。

一些在美国和欧洲出售的产品上会有一个标志，上面标有"××M"的字样，它表示你打开后还有多少个月的保质期。一般在国内销售的护肤产品都会在包装上标明保质期和生产日期，或者会直接标明限使用日期。也有一些品牌用批号来标示产品信息，比如雅诗兰黛集团的产品一般会标明一个三位批号，例如B49，B代表生产批次，4代表4月生产，而9代表2009年，所以生产日期是2009年4月。

在瓶子底部写上购买日期，虽然看起来很笨，但是不管这个产品是否标有保质期，你总会很难回忆起到底是哪天把它买回家的，所以写在瓶子底部吧。

那具体应该如何判别产品是否过期了呢？

一．清洁产品——洗面奶和磨砂膏等

1.洗面奶是流动性乳体，乳体细腻，涂抹时不起泡沫，清洗后有滋润感。乳体出现絮状或油水分离现象为变质。

2.磨砂膏呈膏霜状，砂粒均匀而圆滑，涂抹时没有特殊划感，膏体润滑，味清淡。膏体出水或变色、颗粒不均匀是变质现象。

二．护肤类化妆品——按摩膏、化妆水、润肤霜、乳蜜和冷霜等

3.按摩膏为膏霜状，质地细腻，长时间涂抹保持润滑而无阻滞。膏体出霉斑、出汗为变质。

4.化妆水是浅色透明液体，味清淡，摇后泡沫在短时间内消失，使用后皮肤润泽。化妆水颜色混浊，有沉淀物为变质。

5.润肤霜为膏霜状，白色或其他色系的浅淡色，味清香，质地细腻，涂抹后很快渗透使皮肤滋润，用手触摸柔软没有油腻感。润肤霜膏体变散、变色或出霉斑为变质。

6.蜜类护肤品为半流动状乳体，白色或其他色系的浅淡色，味清淡，质地黏稠细腻，涂敷在皮肤上很快渗透，清新滋润。变味或出现絮状为变质。

7.雪花膏为膏霜状，色泽洁白，膏体细腻松软，味清淡，涂敷后皮肤舒展自然，透气性强。雪花膏出水、变色、干缩或出现霉点为变质。

8.冷霜为膏霜状，多为白色，质地紧密细腻，味清淡，涂敷后润滑，细腻有光泽。冷霜出汗、变色或变硬为变质。

三．彩妆类——粉底霜、粉条、唇膏

9.粉底霜为膏霜状，质地细腻，粉质均匀，涂敷后皮肤滋润有光泽，能遮盖瑕疵。粉霜变粗，膏体发胀，油水分离或出现异味为变质。

10.粉条呈膏状固体，质地紧密，色素均匀，涂敷后皮肤细腻有光泽，遮盖性强。粉条出汗，膏体变松软，色素不均匀为变质。

11.唇膏呈膏状固体，质地细腻，味清淡，色素均匀，覆盖性强，用后滋润爽滑。膏体出汗或变味为变质。

化妆品变质主要表现为变色、发酵、出斑、油水分离、霉变等，都是可以直接通过肉眼观察到的。

变色，指化妆品原有颜色发生变化，是由于细菌产生色素，使之变黄、发褐或发黑。

发酵，指化妆品产生气泡和怪味，是由于细菌发酵，使化妆品中的有机物分解产酸、产气，使之变味而有气泡。

出斑，指化妆品出现绿色、黄色、黑色等霉斑，是由于潮湿使霉菌污染化妆品而导致的变质。

油水分离，指化妆品变稀出水，是由于菌体里含有水解蛋白质和脂类的酶，使化妆品中的蛋白质和脂类分解，乳化程度受到破坏，导致变质。

霉变，指化妆品出现絮状或发散，是由于膏体内的微生物在温度较高的情况下，细菌繁殖产生二氧化碳气体而产生的现象。

如何处理刚刚过期的护肤品？

化妆水：可以用棉片沾着来擦拭手机、笔记本电脑或者电脑键盘、屏幕什么的，只要你能想到的都可以，对电子产品的清洁效果特别好，还不伤机器。

乳液、乳霜：只要没变质，就可以涂手、涂脚，也可以用来擦拭皮包、皮衣、皮鞋等皮具，清洁效果好还有保养作用。

眼影：可以捣碎了放进无色指甲油里搅匀，就变成漂亮的指甲油了。

无色润唇膏：同乳液一样，可以用来擦皮具。

牙膏：用来擦拭不锈钢用具会变得特别光亮。

香皂：如果是还没有开封就过期的，可以打开包装后放进衣柜里，就是很好的清香剂了。

洗面奶：衣服上沾了油点可以涂一点上去搓几下，很快就干净了，也可以调水兑成洗手液。

如何判断彩妆品是否变质？

睫毛膏、染眉膏、眼线液未开封保质期为3年，开封后变为3到6个月，质地变干、结块为变质；

唇膏未开封为3年，开封后变为2年左右，出现怪味，或使用时有刺激感为变质；

香水未开封为3年，开封后变为6到12个月，变色，味道变淡为变质；

指甲油未开封为3年，开封后为1年，变稠、结块为变质。

防晒产品未开封为3年，开封后变为6个月左右，变色、变味、水油分离为变质；

粉状产品未开封3到5年，开封后仍可3到5年，褪色、结块为变质；

霜状彩妆品未开封为3年，开封后为1到2年，变色、变味、发霉、水油分离为变质；

笔类产品（眼线笔/眉笔）未开封为3到5年，开封仍可为3年，褪色、发硬为变质！

通常来说，水状产品未开封保质期3年，开封后减少为6到

12个月，如出现变色、变味即为变质；乳状产品未开封保质期3年，开封后变为6到12个月，变色、变味，或水油分离即为变质；膏状清洁产品未开封为3年，开封后变为1年左右，变色、变味、结块为变质！

粉扑、眼影刷、睫毛夹等上妆工具多久清洁一次比较好？

1.粉扑应该选择貂毛制作的高质量粉刷，其质地柔软且经洗耐用。要经常清洗粉刷，保证每周清洗一次最佳。相比起粉刷来讲，唇刷更容易残留细菌，而眼刷用于敏感的眼周部位，如果不卫生会很容易引起眼睛过敏或结膜炎，所以建议大家清洗唇刷和眼刷的次数应多于粉刷，最好做到每两天就清洗一次。

2.眉刷、睫毛梳、睫毛夹、唇笔、眉笔等化妆工具的清洁也不能忽略，最佳的办法是经常性地用纸巾蘸点酒精，一一消毒这些小工具。根据使用的频率，每6～9个月应更新这些小工具，而睫毛夹的橡胶垫需要每2个月更换一次，否则老化的橡胶垫容易夹断睫毛。

人若软弱就是自己最大的敌人；
人若勇敢就是自己最好的朋友。

彩

妆

篇

时　尚　在

右　　　左

在　想　梦

潮流瞬息万变，唯有风格永存。

当我们追求完如花朵的唇妆，如暗夜宇宙般璀璨的眼妆，便开始了如同没有痕迹的美丽回归。

M⋅keup 彩妆篇:

时尚在左
梦想在右

潮流瞬息万变，唯有风格永存。而彩妆的时尚和风格更是在万千的变化中，却又遵循着它独特的风格魅力。真正的彩妆，是依靠化妆师的巧手和灵感创造出来的。我们就像是一个魔法师，通过自己对时尚的理解，让人们变得更美更有自信。让人们变得越来越美，就是我的梦想。作为时尚的筑梦人，对于时尚的精准把握，风格的严格掌控，就如同我的左手右手，双手合十才能事半功倍。

我对于时尚的理解是从十几年前的校园生活开始的，因为读的是设计类大学，周围的同学也都相对时髦一些，他们会在意自己的衣着打扮，会很细心地化妆造型，每个人又都有自己独特的风格。对时尚感兴趣的我，

潮流瞬息万变，唯有风格永存。

平时会偷偷观察他们的衣着打扮，注意他们用的品牌，也是在那个阶段我接触到染发、彩妆，甚至是护肤。那时关于这方面的资料还是很有限的，我就尽可能地利用身边的资源多学习多了解。那时的我还是个满脸痘痘的胖子，当然，关于我减肥成功，变成型男的励志故事，大家都了解了。在那个时期，绝大多数女孩子没有什么彩妆、造型的概念。当然，可以选购的彩妆品牌也是少之又少，或者很少有人愿意去尝试，所以基本都是清汤挂面。而唯一被接受的彩妆就是口红，很多时候女生涂个口红便是精心妆扮的最佳细节。还记得当时看过一本杂志关于口红的选题，是针对不同唇形上妆技巧以及介绍几十款不同口红的。唇部的美成为当时不同年龄层女性对于时尚的完美演绎，红唇性感，粉唇可爱，肉桂色优雅，总之通过它的变化，你的风格也在变化。虽然那时口红的颜色不多，但是却受到很多女性的青睐，口红也就成为了当时的时尚代表。

随着不同风格的彩妆品牌进驻中国，再加上越来越多的时尚节目、时尚杂志

随着不同风格的彩妆品牌进驻中国，再加上越来越多的时尚节目、时尚杂志的出现，我们的美妆教育有了火箭般的飞速发展。

的出现，我们的美妆教育有了火箭般的飞速发展。通过报纸、杂志、电视、网络等多媒体的宣传，大家学会了更多的化妆技巧、美妆知识。大家开始尝试画一个完整的妆面出现在不同的场合，也开始用不同的发型来表达心情的变化。尤其是随着欧美时尚文化对潮流的强势影响，烟熏妆出现在我们眼前，也在生活中被很多人尝试。不同类型的眼线笔，甚至是眼线膏都成为我们把眼睛放大的最好工具。而睫毛膏更是琳琅满目，浓密型、纤长型，还配以电动效果，总之一定要把重点放到眼睛。明星、达人们也纷纷用大小烟熏妆演绎着自己，总之眼睛有神、眼睛放大，就是时尚女王，就是一种时尚阵仗，让所有人迷恋。

"当我们追求完如花朵的唇妆，如暗夜宇宙般璀璨的眼妆，便开始了如同没有痕迹的美丽回归。"

当我们追求完如花朵的唇妆，如暗夜宇宙般璀璨的眼妆，便开始了如同没有痕迹的美丽回归。你似乎没有做任何事情，似乎不曾在面庞留下痕迹，头发也都是像微风刚吹过的样子，这些对于自然感受的把控就是当下大爱的空气妆。你看不到毛孔，看不到修饰过度的痕迹，但一切都悄悄地在改变。如同新生儿般的肌肤、自然过渡的睫毛、透亮渗透的粉嫩，还有淡淡充满荧光的唇，这就是当下的时尚之最。很多人说，这样看好像又回归到之前没有修饰的样子，如果真的是回归到之前，那只能说你的技巧还要改善，手法还得加强。

时代在发展，时尚潮流也在发展，时尚也渐渐变成了我们生活的一部分。时尚是一种品位，也是一种态度。关注时尚，我相信每个人都会变成有自己风格的时尚达人。每个人都希望青春永驻，都希望有不老的容颜，所以青春永驻才是我们当下时尚的最强妆，也是我们人类亘古不变的梦想。时尚在左，梦想在右，双手合十，所向披靡。

时尚是一种品位，也是一种态度。关注时尚，我相信每个人都会变成有自己风格的时尚达人。

多少事，从来急；天地转，光阴迫。
一万年太久，只争朝夕。

薄透嫩亮底妆心法

拯救你的花猫脸

脱妆、妆容不服帖、妆容粗糙甚至敏感，如何能健康美丽两

不误？底妆心法，拯救你的花猫脸。

A. 取一片化妆棉，蘸取适量保湿化妆水，将化妆棉以画圈的方式在苹果肌、T区等部位进行擦拭。这个动作可以扫除肌肤的晦暗沉积物，让毛孔通透滋润，在打完粉底之后，面色会更加光亮。如果肌肤干燥，可以再取一片化妆棉，进行湿敷，可以瞬间提升皮肤的含水量，解决起皮等问题。清晨洁面后，用具有良好保湿效果的高机能化妆水或精华水浸润化妆棉，重点敷于额头与两颊约5分钟。

B. 选择高保湿面霜，用比平时多三分之一的量涂于面部进行按摩。按摩可以为肌肤加温，软化肤质，从而提高肌肤的吸收能力，促进营养吸收，也令后续的底妆更为服帖。按摩结束后，要吸收2分钟左右，这能有效防止底妆在肌肤上浮起与搓泥，同时底妆才能达到清透自然的无脱妆效果。

C. 选择高保湿或者添加保养品成分的底妆产品。为了节省时间，很多人都只简单地用粉饼，很容易有起皮的问题。添加了保养成分的底妆产品可以在修饰肌肤的同时达到保养的功效，同时也避免肌肤因为水油不平衡而造成的脱妆问题，如果条件有限，也可以在本身的底妆产品中混合四分之一的美肤油，也可以有效防止脱妆等问题。

D. 不同的粉底液侧重不同的妆容效果，有的打造自然

光泽、健康活力的妆效，有些则打造亚光或者半亚光的妆效，可以根据自己的喜好进行选择。用海绵顺着肌肤纹理，在化妆的地方推匀，能让后续补妆的粉底更贴妆。千万不要来回反复推、来回涂粉底，那样只会让粉底有瑕疵，而且会出现干裂的问题，所以不要涂很多遍。喜欢健康自然光泽的妆效，可以在用完粉底之后，再用粉刷来蘸取蜜粉，轻扫过肌肤，更可以打造出具有一定遮盖力的薄透妆效。

痘痘遮瑕TIPS

总有很多痘痘或者小的痘印，通过保养方式还不能快速去掉，用彩妆的方法快速解决，焕然新生。

A.市面上哪有那么多色号的遮瑕产品供我们对号入座，单品都是凭经验调出贴近肤色遮瑕的，所以取巧一点，如果痘痘不明显的话可以用粉底液遮瑕，通常都是按自己肤色买的，如果痘印不是很明显，也可以用它来代替肤色遮瑕膏。

B.好多人都遇到过这个问题，上了蜜粉又把遮瑕蹭掉了，这恐怕是你的手法不对。选那种比较蓬松的粉扑，蘸上蜜粉，用拍的方式，而不是涂蹭的方式，轻拍在瑕疵位置，这样才能保证轻薄又有遮盖力。

C.如果遇到刚刚冒起的红红的痘痘，最好用绿色遮瑕先中和颜色，之后再覆盖一层与肤色贴近的底妆。为了这一颗不显得突兀，手指是最好的工具，可以很好地掌握力度，让遮瑕产品在中间厚，边缘薄。

D.如果你的脸部有痘痘、痘印以及痤疮的话，那么，你需要找到两种颜色的遮瑕膏，一个是比你的肤色更深的遮瑕膏，还有一个接近你肤色的遮瑕膏，这两样宝贝交替叠加才能遮掉瑕疵。

E.以痘痘为中心点，先在痘痘上点上比肌肤颜色深一号的遮瑕膏。需要注意的是，遮瑕膏的面积大概在痘痘外缘1毫米就好，否则容易出现色块的效果。为了不扩大面积，建议使用细头的遮瑕刷。

接着，用接近肤色的遮瑕膏画一个2毫米的圆圈，注意是沿着深号遮瑕膏的外侧画圈哦，不要盖住原有的那一层。还是要用遮瑕小刷子才可以。

用最没有力量感的无名指指腹轻轻拍打遮瑕位置，将两种色系的遮瑕膏的界线拍均匀，直到完全看不到界线为止。想要达到痘痘隐形的效果，拍打的时候需要垂直于肌肤的角度才行，不要擦碰到其他位置。

A. 内双眼皮塑造法

1. 贴双眼皮

虽然内双眼皮是双眼皮的一种，但是由于其不明显的构造，需要我们用双眼皮贴把双眼皮更加明显地显示出来。当它显出来之后，我们就能够按照平常的手法进行彩妆的步骤了。我们首先是用眼线笔在睫毛的根部描画出内眼线，然后把双眼皮贴布剪出一条比我们眼睛的实际长度短0.5公分左右的贴纸，沿着我们双眼皮褶线位置的下缘居中贴上就可以了。

2. 眼影

我们选用棕的眼影对眼窝进行晕染，大约是涂到整个眼皮的二分之一位置就好了。在眼影颜色的选择上，我们可以选择咖啡色、米色等大地色系，因为这些颜色是比较保险百搭的颜色，而且还能够让你的双眼显得更加的深邃。

3. 画眼线

用眼线刷蘸取适量的黑色眼线膏，在手中进行调色后，沿着睫毛的根部，从眼尾的位置开始，向前描绘黑色的眼线。需要注意的是，我们的线条不要描画得太粗。接着是使用咖啡色的眼影对下眼线进行淡淡的晕染。

所有的胜利，与征服自己的胜利比起来，都是微不足道。

4. 贴假睫毛

内双眼皮的女生一般眼睛都不大，因此我们要打造出大眼的效果，就需要借助假睫毛的帮忙。修剪出适合的假睫毛，我们先用睫毛夹把真睫毛稍微地夹卷，然后是利用假睫毛梗的硬度，把我们的眼皮给撑起来，这样子能够让我们的双眼皮更加的明显。之后以"Z"字形刷睫毛，将真假睫毛结合，让我们的睫毛更加卷翘。

B. 单眼皮塑造法

1. 内眼线

内眼线是眼妆的第一步，描画内眼线时首先用手将上眼皮轻轻地提起来，露出白色黏膜部分，然后用眼线笔沾取眼线膏仔细填补睫毛根部的空隙，要全部填满，内黏膜也涂上黑色眼线膏。画好内眼线后，眼睛马上变得有神，眼神不会那么散。

2. 外眼线

画外眼线的重点是要紧贴睫毛根部，不能留出空隙。可以用手指轻轻按住眼皮，从眼头开始分段描画，线要平滑流畅，虽然不用一步画完，但是一定要连接好。

眼尾处的眼线一定要延长，在视觉上可以有效地放大眼睛，拉长眼型后，脸也会相应变小。画法是手指抬起眼尾处的眼皮，在眼线末端、近眼角位置把眼线升高，约1厘米，并将翘起部分加粗，画成三角形。注意画成三角形是重点，一定要把眼尾三角的区域都填补好，不能露出白色的眼肉。

3. 开内眼角

重中之重来啦！内眼角的描画是大家常常忽略的步骤，其实效果十分显著。我们通过高超的技巧，不用做开眼角手术一样可以达到放大眼睛的目的。方法是将内眼角向外拉长2毫米，让内眼角呈现自然的尖三角形，并将上下两条眼线闭合，记住要是平行的，就像你的眼角本来就长成那样似的自然。

4. 下眼线

以眼球外侧下方为起点开始描画下眼线，重要的是在下眼线的眼尾处，要画出一个平行的眼角，看上去就像你自己本身的眼角一样，让你的眼睛看起来变大了。眼线结束的地方要和上眼线连接起来，画成"V"字形状。

在上下眼尾处将眼线用小刷子晕染开，下眼线选用眼影粉淡淡描画。

C. 左右眼不一样眼妆塑造法

不论两只眼睛有怎样的差异，有三个基本原则必须牢记在心：

1. 在进行调整化妆时，要以两眼的平均值为基准，而不是以较为完美的那只眼睛为目标，这样画出来的效果才会自然。

2. 先从想要调整的眼睛开始画，然后再两只眼睛交互调整。

3. 强调睫毛膏的效果，可以造成化妆的视觉错觉。

在涂上双眼皮较浅眼睛的眼影时，原本涂抹在双眼皮褶皱内的眼影要超出双眼皮线，这样可以塑造出双眼皮较深的效果

接下来化双眼皮较浅眼睛的下眼线。一般下眼线都是从黑眼珠的中央下方开始化到眼尾，但是这里的技巧是只要在眼白的一半处开始化眼线即可，因为双眼皮较浅眼睛的下眼线比较短。

另一只眼睛的下眼线，就从黑眼珠的中央下方开始化到眼尾。

最后是睫毛膏。在夹睫毛的时候，双眼皮较浅的那只眼睛，

要从睫毛根部夹，彷佛眼皮被拉起来的感觉。

缤纷炫彩眼妆

眼影是彩妆中最具挑战性，也是最富变化且有趣的步骤，因为精彩的眼影蕴含无穷的创意。如何将不同、丰富的色彩组合在一起，做出抽象、梦幻、多样化的面貌来。通常服装的色彩运用都尽量避免将对比色或不同色系的色彩放在一起，如紫色和黄色、桃红色和橘红色等，但是眼影的色彩运用则完全不受这层限制，眼影的画法有下列几种：

渐层法：这是最普通也最为简单的一种方法，同一色彩以不同深浅的色彩，自眼睑下方至上方、由深至浅渐次画上，可以塑造深邃眼睛的效果。

清纯型：此种以腮红刷上眼睑后，在双眼皮的位置刷上深灰色或深棕色的眼影，由眼头至眼尾都使用同一种色彩，下眼线以灰棕色或深棕色由眼尾至眼头，由粗到细自然画出。如此几乎看不出有上妆的感觉，但眼睛看起来会变大至少1/3，且很有神、很亮。

欧式立体画法：眼窝处以深棕色或深灰色画出眼窝的效

果，增加眼部的深度及三维效果，眼睑上可搭配金黄色、橘色等暖色系，或蓝紫色、酒红色等寒色彩，表现不同的主色调。 如此搭配，以深、浅、明、暗创造出立体轮廓。

几何造型法：以眼睑中间画出曲线造型，如中间以湛蓝色做出造型效果，眼头则以桃红色，眼尾则以亮酒红色，整体勾勒出浪漫风情，营造出迷人的韵味。

眼线有多种画法：

以液状眼线笔画出，最为持久且不会晕开，但较不自然，通常都用在浓妆。

以眼线笔画出，很自然但较易晕开，画好以后以同色调眼影再刷上会有较好的固定效果。

以眼睑上最深色眼影画出眼线效果。画眼线可上、下都画，也可以只画下方或上方，浓妆时下眼线由眼头画至眼尾；淡妆则自眼头算起1/3处开始由淡至深，由细渐粗，如此会很自然。

瞬间
变身清纯学生妹

即便是日常上课，妹子们也要拥有好气色、好妆容，

日常学生妆的重点是干净清透自然无痕迹。

如何打造娇嫩无瑕的自然裸妆？

　　1. 在做完基本保养之后，先用指腹取适量的妆前隔离霜，均匀薄透地涂抹于全脸，不仅能预防紫外线对皮肤造成的损害，也能让后续的粉底更加服帖于皮肤，不脱妆，可以长时间维持细嫩通透感。

　　2. 蘸取毛孔隐形膏，表面以画圈的方式涂抹，阻碍鼻翼两侧和比较容易出油的部位。方法是：轻轻地由下往上、由内往外以画圈的方式涂抹开来，再轻轻拍按，让其更加自然均匀地融合于肌肤。

　　3. 在所需遮瑕的位置(如黑眼圈、痘印等)，轻轻点上遮瑕膏。注意应挑选偏黄色或者橘红色调的遮瑕膏。

　　4. 把粉扑沾湿并把水分拧干，蘸取适量的粉饼，接着以指腹的力道，让海绵呈弧形状，并由两颊往外顺着同一方向推开，使底妆更加服帖。

　　5. 用粉扑扑上清透的蜜粉，轻柔地以螺旋状延展于肌肤上，创造出柔滑透亮的肤感，以免破坏底妆的服帖度。此外，容易出油的局部，再次以轻压的方式加强定妆效果。

　　6. 用粉扑蘸取带有珠光效果的蜜粉，先在手背上调整用量，接着薄薄地擦在T字、下巴、眉骨延伸到太阳穴、颧骨

的C字部位，不仅能巧妙增加轮廓立体感，更可以使得肤色更加自然透亮。

不可缺少的隔离霜

隔离霜是基础护肤的最后一步，也是彩妆的第一步。如果不使用隔离霜就涂粉底，不仅会堵塞毛孔伤害皮肤，还容易产生脱妆的现象。

隔离霜基本分为两类，即只具有防晒作用和兼有防晒、修饰肤色作用的。大家在选择的时候就要根据自己的实际需要，如果只想有基本防晒作用，那就选那些低SPF值的防晒霜或者隔离霜就可以了；如果还想有一些修正肤色的作用，就可以选具有粉底功效的隔离霜。

隔离霜的颜色大概分为紫色、绿色、白色、蓝色、金色、近肤色6种，不同的颜色有不同的修容作用。

紫色：紫色具有中和黄色的作用，所以它适合普通肌肤、稍偏黄的肌肤使用。它的作用是使皮肤呈现健康明亮、白里透红的色彩。

绿色：适合偏红肌肤和有痘痕的皮肤使用。绿色隔离霜可以中和面部过多的红色，使肌肤呈现亮白的完美效果。另外，还可有效减轻痘痕的明显程度。

　　白色：是专为黝黑、晦暗、不洁净、色素分布不均匀的皮肤而设计的。使用白色的隔离霜之后，皮肤明度增加，肤色会看起来干净而有光泽度。

　　蓝色：适合泛白、缺乏血色、没有光泽度的皮肤使用。蓝色可以较温和地修饰肤色，使皮肤看起来"粉红"得自然、恰当，而且能使肌肤显得更加纯净、白皙、动人。

　　金色：如果你希望拥有健康的巧克力色皮肤，那么金色隔离霜是最好的选择。金色隔离霜可以让皮肤黑里透红，晶莹透亮。

　　近肤色：近肤色隔离霜不具调色

功能，但具高度的滋润效果。适合皮肤红润、肤色正常，以及只要求补水防燥、不要求修容的人使用。

隔离霜的正确涂抹步骤

1.清洁皮肤，双手保持干燥；

2.取适量隔离霜于两颊处，用食指、中指和无名指三个手指的指腹，从脸颊处向上拉伸；

3.扩展到额头中央，再向两边拉伸，随后轻轻拍打直至完全吸收；

4.将适量粉底倒在右手手心里，用左手手指蘸取，从左脸颊开始，一边用食指、中指和无名指三个手指的指腹轻轻拍开，一边向上拉伸扩大涂抹面积；

5.指腹逐渐滑向眼睛周围和鼻翼位置，一边轻轻拍打，一边向四周均匀涂抹；

6.右脸步骤同上。最后落指于下巴处，轻轻拍打并均匀涂抹。

美睫大眼芭比妆，除强调眼部完美妆容之外，更塑造完美肌肤衬托完美效果。

那应该如何挑选假睫毛？选择假睫毛除了看款式之外，还要看假睫毛的梗部。假睫毛的梗一般分为鱼线梗、棉梗和塑料梗三种。棉梗由于非常柔软，贴合后不会扎眼皮，也不太容易翘起，但缺点是撕下后梗容易弯曲变形，重复利用率较低。鱼线梗胜在妆效更好，透明隐形，方便剪开一束束贴，撕下后也能保持原本的弧度，而缺点则是比较容易脱落或翘起。塑料梗比较硬，舒适度没有鱼线梗和棉梗好，但是对于单眼皮和内双眼皮的同学来说还是不错的选择，因为硬一点的梗可以将眼皮撑起来，定型效果比较好。

那到底怎么塑造？用睫毛夹从睫毛根部开始，夹到睫毛末端，保证整根睫毛都要夹到。注意根部不要夹得太翘，会让假睫毛不好粘。先量一下假睫毛的长度，假睫毛内侧对准内眼角往后4~5毫米，不必把内眼角都贴满，整体比自己眼睛略长一点，多余部分剪掉。捏住假睫毛的两头往里轻推，让它适当弯曲，加大弧度，从而更好地贴合眼形。用镊子夹起整副假睫毛，找到眼睛的中心点把假睫毛粘上去，紧贴着睫毛根部，先粘好眼尾，然后把内眼角也调整好。接下来用手指轻轻往里推睫毛，使它紧密贴合。

SHISEIDO
Sheer and Perfect
Foundation
Teint Naturel
Perfecteur

ANNA SUI

LASH SHOW
CREATIVE IMPACT

MAKE UP FOR EVER
PROFESSIONAL · PARIS

FAUX-CILS IMPACT IMMÉDIAT & CONE À FAUX-CILS
INSTANT DRAMA FALSE LASHES & FALSE LASHES CASE

BOURJOIS
PARIS

Volume 1 seconde mascara

DIORSNOW

BLOOM
PERFECT

SOIN ÉCLAIRCISSANT
RÉVÉLATEUR DE
PEAU LUMINEUSE PARFAITE

BRIGHTENING PERFECT
SKIN CREATOR

SPF 35 - PA+++

Dior

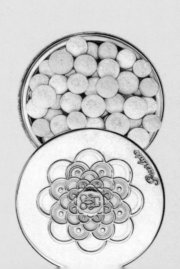

睫毛

东方人睫毛大多短而直，甚至向下垂，最好在刷睫毛前用睫毛夹压卷后再刷，正确的方法是这样的：

1. 把睫毛夹夹住睫毛根部，慢慢轻压往上移动。

2. 可以先夹眼尾1/3处的睫毛，夹翘之后再换眼头部分的睫毛。

3. 最后把睫毛夹的位置移到睫毛前端，轻轻往上提拉，造成卷翘的效果。

刷睫毛也很关键，你可以按照以下的方法：

刷上睫毛以水平方式拿睫毛刷，轻拉上眼皮，先刷上睫毛的中间下侧，自睫毛根部由内向外往上刷，但是要记住不碰到肌肤，免得弄脏彩妆。

左右慢慢移动，一根一根仔细地刷匀睫毛，然后刷眼尾部分和眼头的睫毛。

上睫毛的下侧刷完后也要依顺序刷上睫毛的上侧。

接着改用垂直的方法，把睫毛刷直立，由根部往上一根根地再刷匀一次。

　　刷下睫毛时则是平行方式拿睫毛刷，慢慢移动，轻刷染上色就可以。

　　如果睫毛膏不小心擦在眼皮上了,不用担心,用小棉棒小心擦去即可。

抓紧动身拥有你的
女王范红唇

夏日玩转复古小清新

红唇画不好就会显得老气，那如何打造女王范红唇，同
时保持清纯小清新呢，其实并不困难。

塑造立体完美底妆

用粉底修饰脸型，运用明暗色呈现宽窄效果的方法来修饰肤色，如过宽的两颊或颧骨都可以用深肤色粉底来修饰，较窄的额头、扁平的颧骨或过短的下巴都可以用白色或亮色的粉底来修饰，但与原粉底的接缝处要均匀、柔和，不要明显看出有两色的差异，为求均匀、柔和的粉底效果，以柔软海绵来擦匀粉底，效果更佳。

定妆时可以将蜜粉均匀地揉擦再轻按于脸上，如此蜜粉及上粉的效果较持久且不易脱落。淡妆则以粉刷沾粉再自脸部上方至下方、由中到外的顺序刷上，最好使用有附过滤蜜网的蜜粉，可避免沾上过多的粉，使得脸上粉妆浓淡、厚薄不均匀。

粉的颜色也须选择最接近肤色的，标准的粉底，上完妆后，脸部的颜色与颈部的肤色相同，这才是最自然、正确的色调。如希望有较白肤效果，可以使用较肤色淡一号的粉底及蜜粉，但须在颈部及上衣领口露出部位都上同色调的粉底与蜜粉，以达脸、颈色调一致的效果。外出补妆时，先用吸油纸吸去分泌出的油脂，再上粉底，如此效果较好，色调也才与脸部其他位置相同。此时如携带多用途的水粉饼最为方便，可兼具粉底与蜜粉的功能。

其次，不要过分强调眼妆部分，不要假睫毛，甚至不要眼线，刷出根根分明的睫毛，并只在眼尾用棕黑或者棕灰的眼影轻轻勾勒出1/3的上眼影和下眼线。接下来就是重点打造唇妆。以前我们总是直接把正红的口红直接饱满地涂满整个嘴唇，出来的效果并不理想，有时候甚至会看起来过于死板。我们可以先用粉饼给嘴唇稍稍打个底，这样更能发挥口红本身的颜色，这点也适用于所有口红。再在上下嘴唇的中央分别点上红色口红，之后用无名指蘸上红色或者透明的唇彩，由嘴唇中央向四周涂散开，越靠近嘴角的部分红色越淡越轻薄，这样整体妆容就能透露出"清纯中的小性感"的感觉。

唇部的肌肤和我们脸部的肌肤是不一样的，由于唇部的表皮结构较薄，水分蒸发速度快，如果没有做好保湿防护工作，不仅看起来暗沉无光，甚至会出现干燥脱皮的现象。

唇部三大问题

1. 嘴唇干燥脱皮：如果嘴唇开始出现干燥现象，摸起来粗粗的，可以使用护唇膏等滋润产品来加强保湿，避免嘴唇干裂脱皮，甚至出现溃烂发炎的情形。

2. 嘴唇颜色暗沉：唇部是富含血管的黏膜组织，因此嘴唇的颜色和血液鲜红度息息相关，如果你发现自己的唇色越来越暗沉，建议除了适量补充维生素外，也可以多运动来促进血液循环，让唇部恢复好气色。

3. 嘴唇纹路较深：除了水分，嘴唇的胶原蛋白也会随着年纪增大而日益流逝，造成唇部的纹路加深，建议平时在唇部保湿的基础保养外，也可以适时补充胶原蛋白，让唇部维持丰盈饱满的状态。

妆前唇部护理秘籍

1

妆前唇部需要穿 "衣服"

可以选择含有油性保湿成分的护唇产品，这类产品通常具有极高的滋润性，能有效帮助唇部锁住水分，同时兼具修护皮脂膜的功能，也能更好地为唇妆做好底妆工作。

2

嘴唇再干也不要舔

注意嘴唇发干时不要舔，因为唾液中含有
淀粉酶，在唾液的水分蒸发后，唇上的淀粉酶成
分会加重其干燥，导致"越舔越干"，经常舔唇还
会使唾液中的细菌进入裂口，引起感染。

3

嘴唇起皮不要撕

别用手撕，这样有可能将唇部撕伤，比较科学
的方法是先用热毛巾敷3至5分钟，然后用柔软的刷
子刷掉唇上的死皮，再涂护唇膏。如果嘴唇总是发
干的话，一定要先给唇部滋润，再进行妆容的
刻画。

对于每一个不利条件，
都会存在与之相对应的有利条件。

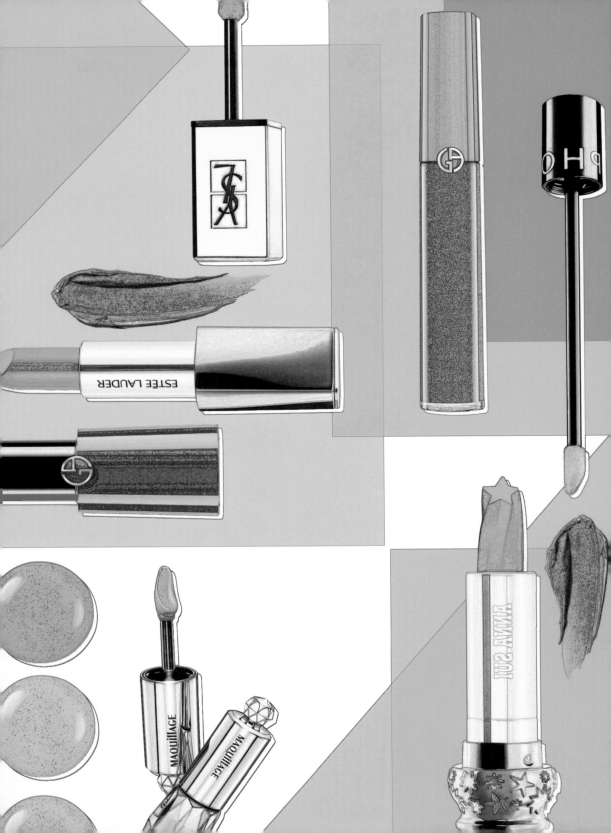

驾驭玛莎拉红

做自己人生的女王

玛莎拉红（Marsala）是今年的流行色，无论是红毯礼服还是T台妆容，都能看到暖人心又优雅的玛莎拉红，那么在妆容方面如何驾驭玛莎拉红唇和眼妆呢？

亚光、珠光、亮彩、丝绒，饱和唇、咬唇、渐变唇……红唇的画法和质地有很多，最适合玛莎拉红的唇妆画法和质地是什么？

都可以的，可以根据不同的妆面效果和想要达到的视觉目的选择。珠光的更炫目，亚光的更加优雅，而渐变唇则会有更加时尚的感觉。

玛莎拉红颜色偏深偏暗，亚洲女性嘴唇略薄，在打造玛莎拉红唇时需要注意的手法是什么？如何避免太过突兀的"吸血鬼"效果？

涂唇油，以防唇部干裂，特别是风沙较大的秋冬季节。使用前，洗净面部后先画唇线，再用口红，一定要抹均匀，待用到最后时，可用唇刷均匀涂抹。若是唇部颜色原本就不太均匀，可事先抹一点粉底遮盖。涂口红时，一定要从下唇开始涂起，在画好

的唇线内，自内而外地一点点涂抹均匀。下唇涂好后，再按照同样方法涂抹上唇。涂完后，用嘴唇轻含面巾纸迅速抿一下，马上松开。这样，口红就能与唇部肌肤紧密融合，自然持久，不易掉色。但是，如果抿得太重，口红就容易脱落，所以轻轻抿一下就行了。饭前及喝水前要把口红擦掉，避免膏体进入口中，也是为了防止口红印在杯子上。

对于亚洲女性来说，什么样的妆容搭配玛莎拉红唇会比较自然，不显老？

注意打底，需细腻均匀！这是烘托红唇妆重中之重的部分，打好底会让你的整体妆容看起来剔透干净！在眼袋、鼻窝、嘴角部位需强调遮瑕，为干净的底妆做好充足的铺垫！底妆完成后记得打上蜜粉或干粉做定妆，不然一张油脸会抢了你红唇的"风头"。注意红唇妆是突出唇部，如果你每个地方画得都很浓，那么"百花齐放"会太热闹，不知重点在哪里。让别人的目光自然落到唇部的小细节在于做"减法"，把复杂的眼影叠加去掉，让眼睛看起来干净提亮就好，眉毛可以画得硬朗一些，与红唇有一个和谐的呼应搭配。

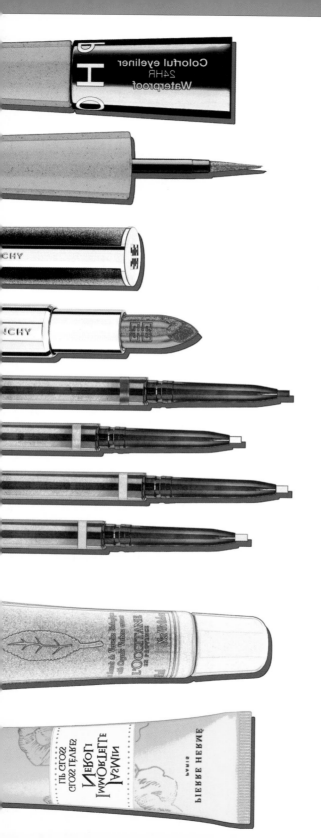

玛莎拉红用在眼妆上，如果不想要T台模特那样夸张的妆容，怎么画好看？

东方人在画红色系的眼影时要特别注意，建议你选择红色的眼影或眼线勾勒上眼线的尾端，或者只单一使用红色系睫毛膏，避免两者同时使用，那会使眼睛看起来太浮肿了。

上妆小技巧：

1.选择红色的眼线或眼影，勾勒上眼线的后半部，最好不要描绘全部的眼线。

2.在眼头处可以使用白色的眼影来加强对比的明亮感觉。

快乐不是因为拥有的多而是计较的少。

甜蜜蜜的糖果可人妆

如冰激凌般可口诱人

配以干净的浓密睫毛，细致描画在双眼皮褶皱内，介于传统眼影与粗重眼线之间的宽度大胆新颖，上翘的眼尾在浓密卷翘的睫毛衬托下让双眼显得越发魅惑迷人。以轻薄莹润的粉底展现出完美的肤质，细致自然的修容阴影令脸部轮廓更加立体，微微的粉橘色腮红打造自然好气色，令笑容更加甜美灿烂。

步骤如下：先涂上一层浅浅的咖啡色做打底，面积刚好盖住双眼皮褶皱处。然后再用蓝色的眼线笔来画眼线，填满睫毛根部，眼尾稍微往上翘看起来才好看。刷上淡淡的睫毛膏，固定睫毛的形状。粘贴一款比较自然的假睫毛，再用睫毛膏最后固定真假睫毛，千万不要分叉。用大号的腮红刷沾取少量粉色胭脂粉呈圆形刷在脸颊处，可以修饰脸型。滋润的唇彩让嘴唇变得更性感，水水润润的感觉。眉毛颜色要与发色接近，最好选择咖啡色的眉粉来修饰。整个妆容就结束了。

腮红好气色

画腮红时首先要选择适合自己的色调，如白里透红的肤色适合各种颜色的腮红，苍白的肤色通常较适合上寒色系的彩妆，深肤色或黄色系肤色则较适合暖色系的彩妆。选出适合色系的腮

红后，从上眼睑连接至颧骨、脸颊处，约于眼下两指及鼻翼两指的位置；由下往上刷，使用时每次的腮红量要少，可多刷几次直至效果完美，才不致颜色太浓、太重、不自然。如为较丰润的脸颊，可于上粉底时在颧骨下方淡淡上些深肤色的粉底，如此脸部看来较为立体。

腮红很重要，有时候位置不对，整个脸就会看起来很肿，不同的脸型也有不同的方法。

瘦长脸：横扫向太阳穴下方，成椭圆状，减少脸长的感觉。

圆形脸：在颧骨沿向上扫，成条状，减弱太肥太圆的感觉。

方形脸：从颧骨后半部直扫向耳边，可减弱方形的感觉。

眉毛

在画彩妆时，好多女孩都会忽略画眉的部分，一般人不敢画眉多由于两边眉不易画得相同、对称。这里可以交给大家两个简单的方法：可以使用眉刷沾眉笔顺着眉形刷出来，也可以使用眉粉，用眉刷沾上眉粉刷出眉形，两种方式刷出来都会很自然。即使是能熟练使用眉笔的人，也需以眉刷做最后的整理，如此才不致在眉上看出一条一条画眉的痕迹，而显得不自然。眉笔的颜色

须选与自己眉毛颜色最接近的，东方人通常为棕色或灰色。有些人眉毛长得很长，会掉下影响眉形，可以用小剪刀修短，或以睫毛刷固定眉形。

闻香识女人

香水是体现女人万种风情的最佳手段，同时，香水也是有其品位和个性的，只有适合你的香水才能烘托出你独特的美丽和韵味。

选购香水不能单凭视觉、嗅觉，擦上香水感到心情愉悦的是自己，不可以随便妥协，必须试用后才能确定究竟是否适合你的个人气质、风格，还要根据不同的季节、不同的场合选用与你的心情相匹配的香水。

当然，想从琳琅满目的香水中挑选自己喜爱并适合自己的香味，是一件非常辛苦的事情。

香味大概可分为5类：

1. 水果般的香味　从橘到梨、大黄与李子的香精以及南海花束的混合剂会给你带来香水的舒适感。

2. 罗曼蒂克的香味　从鸢尾花到紫罗兰、蔷薇类花朵，带给你浪漫的味道。

3. 女权香味　从龙涎香到芫荽子，这是以东方混合剂所制尖端香水的强力发动机。

4. 感性香味 从玫瑰到檀香木，古典的诱惑性香水。

5. 享受者之香味 从葡萄柚到肉豆蔻花。

香水选购TIPS

1. 列出所有你喜欢的味道的清单，然后寻找类似的香水。

2. 了解一些关于香水的基本知识，这样购买时才能有的放矢，做出合适的选择。

3. 早起床，清晨嗅觉最好，鼻子未闻过其他东西，很灵敏。

早上精神最好、头脑清晰，是选择香水的最佳时刻。若是在空腹时选择香水，会觉得酒精的味道太呛；刚吃饱时头脑的反应又较为迟钝，所以应避免在饭前、饭后挑选香水。

此外，女性的嗅觉也与她的生理状况有很密切的关系。在排卵期时的嗅觉特别敏感，平常分辨不出来的动物性香料，在这个时候马上就能感觉出来，而这个香气或许才是香水最主要的原香。相反的，生理期间的嗅觉就非常迟钝，在这个时候很难分辨得出微妙的香味。

因此，建议女性在排卵期来选择香水。

4.穿上你最喜欢的得体的衣服，这样香水柜台小姐容易根据你的形象、气质向你推荐适合你的香水。

5.选购香水前，身上不要喷其他香水，不要用有香味的化妆品，因为香味会干扰你的嗅觉。肌肤必须洗得干干净净没有任何气味。

6.准备几块小手帕，用来试香水。在你当场无法决定时，回家可以再仔细嗅嗅。

7.要有足够的时间，经慎重考虑后才决定购买。先闻一下喷过香水的手帕，如果能引起你的兴趣，可要求在手臂内侧喷些香水。然后离柜台或外出走上一圈，若干小时后再返回，其间可以让你有足够的时间去体验香水。

8.不要试闻多款香水，鼻子会产生厌腻感，尽量不要超过3种。

试香的时候不是只试一种香味，可以先选好几种候补的香味。如果自己无法决定，可以告诉专柜人员自己想要的香味，请他给你一些建议。

当然，在你试闻香水时，尽量不要超过3种，而且要依照下面的步骤来进行：

①把第一款香水涂在左手腕，隔数分钟后再闻闻看；

②数分钟后把第二款香水涂在右手腕，隔数分钟后再闻闻看；

③再过数分钟后，把第三款香水涂在左手臂弯内，数分钟后再闻闻看。

试香的秘诀是轻轻闻一下之后就要让鼻子休息，若持续用力闻太久使鼻子疲劳，对香味混淆不清，则无法做出正确的判断。记住在你试闻下一款香水时，请先深呼吸，让体内残余的香水气味清除干净，香味才不会混在一起。

因为一次闻很多香味，人类的嗅觉会产生疲劳，鼻子麻痹之后就分辨不出香味的差异。所以选购香水之前，先决定出两三个种类，避免一次试闻太多香味。选择香水要以中调的香气来判断。

直接从香水瓶口闻香是很荒谬的事，酒精的刺激味呛到鼻子，一点也无法闻到香水的原味。用指甲或手腕内侧沾取一二滴香水，慢慢地吹口气或是手轻轻地摇晃，让酒精挥发后再静静地闻香味。最好能够先离开卖场10分钟左右再回来闻闻看。

如果没有找到喜欢的香水或无法判断时，最好改天再来。想要找寻自己喜爱的香水，勤快多跑几趟才是最好的方法。

9.同一牌子的香水，如果香精含量不同，则香味也不同，因此都要试试。浓香水含香精量最高，虽然价格贵，但使用时只要几滴便足够了，而且香味持久。

10.如果有试用装，要敢于索取。

11.忽略包装。美好的香水可能装在一个丑陋的瓶子或者陈旧的纸盒里。通过喷洒一种尚未推广的香水来创造流行吧。

12.最后应由自己做出决定是否购买，不要征求同伴或营业员的意见。选香水是纯属个人的事，即便是你的生活伴侣，也不要强迫他和你一同试闻香水。

除了以上述标准来选择之外，一般来说，皮肤白皙及头发色淡的女性宜选择柔和细腻、清新花香味的香水；东方调与花香调混合的香水比纯花香的香水较为浓烈，给人以高贵的感觉，通常为肤色较深的女性选用。

少女使用香水时，除了选择香水的香型、气味之外，更要注意一下自己的个性、职业、使用香水的场合等。性格开朗，热情活泼，喜爱室外活动的少女宜用青春活泼的香水；温柔文雅，乐于读书、独处的少女则宜用清新淡雅的香水。

买回来香水后，衣服上喷点，让房间里充满香味，检查一下，你选择的香水会不会引起你和你的家人的不快症状，或者在房间里的梳妆台上喷点香水也可以。如果一天里没有人受到刺激，有头晕、头痛、眼痛、情绪低落的现象，相反，精神饱满，说明你的选择是对的。

天空黑暗到一定程度，星辰就会熠熠生辉。

"美魔发"
头发一美遮千丑
秀发是第二张完美的面孔

不同性质的头发，其护理保养的方法完全不同，尤其是在这个无论是头发还是肌肤都容易出问题的季节里，头发的护理保养显得更加重要。要给大家介绍四种不同性质头发的护理保养方法，包括混合性头发、油脂性头发、敏感性头发和枯黄性头发。

A. 混合性头发的护理保养

混合性头发通常到了一定长度，头皮屑就会很多，而且会有头皮油腻和发痒的问题，不过由于油脂不足以覆盖全部发丝，再加上春夏季紫外线强烈、空气干燥，头发反而会失去光泽，甚至出现发尾枯黄和分叉的情况，更严重的，头发还会丧失弹性，极易断裂。

此时我们要使用干性洗发露来清洁头皮，并使用水溶性护发乳来护发，而且洗发时水温不能过高，这样可以减少头皮部分的肌肤油脂分泌，并在洗发后头发半干时就上一层营养保湿精华液。此外，最好搭配使用防晒和滋养型产品，护发素要多用一些，还有就是要让滋养成分在发尾位置尽量多停留些时间。

B.油脂性头发的护理保养

油脂性头发表面经常覆盖着油脂层，这种头发虽然不容易受到紫外线的伤害，但是到了春夏时候皮脂分泌旺盛，头发看起来总是很油腻，而且容易贴在脑袋上，难以打造发型。

所以护理的重点就是抑制皮脂分泌，要经常洗头，水温同样不能过高，否则会刺激油脂，出油就更厉害了。同时更要避免过度的阳光刺激，否则会导致油脂分泌更加旺盛，因此建议在涂抹防晒产品前先为头皮使用调理控油型护发产品，也可以搭配使用去油洗发水和防晒护发素，保持头皮清爽。

C.敏感性头发的护理保养

敏感性头发一般比较细，而且缺乏弹性和光泽，发质较为干枯。频繁烫发或者染发很容易导致头发敏感，由于受损发质的发丝毛鳞片结构被破坏，造成头发表面空洞加大，蛋白质流失，变得毫无弹性。

在当下想要修护这种干枯的头发，就一定要做好头发的防晒工作，并使用保湿效果佳的洗发露和水溶性护发乳，这样不但能保证为头发提供足够的营养成分，还可以让头发有效吸收水分。但是在使用洗护发产品前，一定要做敏感测试。此外，我们还可以做DIY发膜，很简单，比如用一个蛋清加三粒维生素E胶囊以及几滴橄榄油，将它们一起混匀后，敷到清洗干净的头发上，要重点敷在发尾部分，然后戴上浴帽，再敷上热毛巾，等大概五分钟后就可以清洗干净了，可有效改善头发状况。

D. 枯黄性头发的护理保养

枯黄性头发皮脂分泌比较少，发丝通常都没有足够的油脂层来保护，导致头发变得干枯，色泽暗淡，尤其容易受到紫外线的伤害。

这种头发建议使用滋养效果较佳的洗发水，还可以试试用鬃毛梳均匀刷头皮，可以有效刺激油脂分泌。涂抹头发防晒品之前，可以使用一些专门为干性发质设计的深层滋润保湿型护发产品进行护理。出门前要多使用防晒护发素、发膜以及免洗润发露，可以增加发丝表面的保护膜。而洗发后，最好不要用暖风吹干，让头发自然晾干更有利于头发的健康。

1. 一到夏天，头发到底是出油还是出汗都分不

清楚，怎么才能让头发多清爽几天啊？

选择适合的洗发产品，洗发时不能仅注重发丝的清洁，而忽略头皮健康，洗发产品选择不当，会令头皮越洗越油腻，头发越来越干。拒绝含有硅油、色素、强效表面活性剂等化学成分的洗发水，长期使用易对头皮产生刺激。天天洗头，应更关注头发内在的营养，根据不同的发质及秀发问题，选择含有纯天然植物萃取成分的洗发产品，如迷迭香，不仅能深层净化头皮，有效抑制头屑，还能促进血液循环，刺激毛发再生，改善脱发现象。

2．打算去巴厘岛度假，但听说海水很伤头发，真不想下海还戴泳帽。想请教老师，这是真的吗？如果是，有没有保护的办法呢？

保证下水前后都要用生活用水冲洗头发。下水前冲洗是为了防止那些化学物质附着在你的头发上，从水中上来以后冲洗头发是为了第一时间把头发上附着的有害化学成分冲洗干净。钻到水里之前先给头发抹点护发素，让头发和水之间留点空间。这一点早有护发品牌想到了，有些护发品牌推出了专门在游泳戏水时使用的护发素，如泳帽护发素，它们可不是真的泳帽，而是能像泳帽一样保护你头发的护发素。除了能中和泳池中普遍存在的氯气，还能防止海水（盐分也会伤害头发）、阳光对头发的损伤。

3. 头发总是不好梳通，怎么办?

梳头发的时候，千万不要强行拉扯，死命地往下梳理，后果是很严重的，不仅梳不开来，还会拉扯到头皮，造成疼痛和掉发，得不偿失。这个时候我们要放弃强行拉扯的作战方式，使用温柔的手段去梳理头发。首先你把梳子从头发上拿下来，然后用手指去感受一下打结的部位，轻轻地用手指去拨一拨，顺着可以打开结的部位，往外抽出头发，慢慢理顺，这样做会比较方便后面的操作步骤的进行。接着使用宽齿梳子来梳理头发，虽然这个时候头发还没有完全理顺，但是相比较刚开始，还是有了理顺的头绪，使用宽齿梳子将头发梳理出来，并反复梳理几次，让大部分的打结头发脱离出来。然后，使用密齿梳子一小簇一小簇地梳理自己的头发，反复去梳理，直到每一簇头发都顺滑清晰为止，接着你就可以按照正常的程序去扎头发了。

4. 我觉得鲜亮的发色能让搭配显得格外有型，但是我发现夏天染完头发之后颜色很容易掉，不知道是不是总出汗的缘故，怎么办呢?

染发后掉色虽然是无法避免的，但严重掉色的情况还是可以得到控制的。使用在我们能够接受范围内的较低水温对头发进行清洗，因为温度高的热水会加剧发色流失的速度。在使用打造日常造型时的电热工具，如卷发棒、直发器等产品的时候，一定要记得先在头发上涂抹抗热护发产品，从而在发丝上形成保护膜。切记不要在同一片头发上进行反复加热，这样会造成发丝水分和染色素的流失。养护产品并不是使用得越多越好，覆盖较厚的护发产品会让我们染过的发丝"无法呼吸"，所以说，护发乳的使用也要适度。

附：

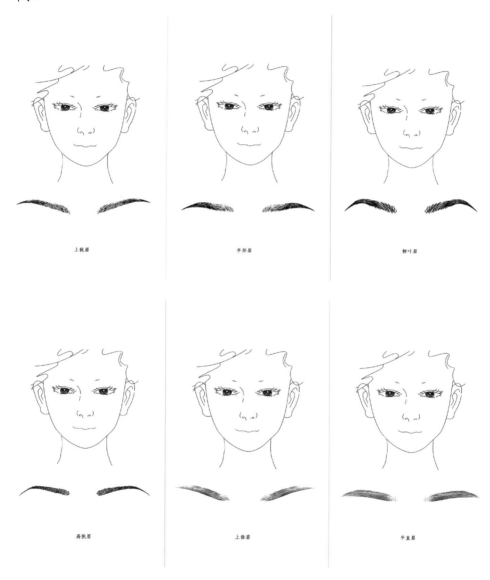

眉毛练习图

服

享————————耀

——————的

装

买完再剁手，不如边买边秀边享受。

每个人都是最好的买家秀，每个人都应该活在这个享耀的时代。

代————————时

篇

clothing 服装篇：

享耀的时代

随着自己大学课堂的学生和粉丝有越来越多的90后的加入，自己这枚看起不太老的典型80后也在学去跟90、95后交流和沟通方式，他们好奇心强，喜欢接受新生事物，跟他们的接触，每次都更加容易简单，但你也会发现他们自信又脆弱，从童年就开始变"老"，更加懂得成人世界的规则，价值观更加现实，个性更加张扬，可以说他们是更加娱乐化、懂得享受和分享的一代。

"

以前我不喜欢照相，不是不自信，只是不想别人过度关注自己。

就拿自拍来说，都说韩国人有整容技术，日本人有化妆技术，而我们中国人这自拍技术绝对是当家。以前我不喜欢照相，不是不自信，只是不想别人过度关注自己。但粉丝们不干了，给我发私信批评我太古板，不生动。他们想要知道你用的是什么、此刻在做什么、穿的是什么衣服，甚至你"前世今生"的八卦。我学着拿起手机，拍一些自己最爱的产品、明星们喜欢的彩妆、模特们最爱的品牌，甚至是最可口的饭馆，还有自己今天的发型。当然除了平面还不够，视频更是最佳选择，如果能让自己在网络时代动起来，你就会得到更多的关注。

想来也是，满世界都是促销、购物的信息，纽约、巴黎、米兰、北京、上海时装周全年不停歇，每个月都有最新的《瑞丽》杂志为你提供最棒的指导，如果你想随时随刻了解最in时尚，还可以打开网络，总会有微博和视频教导可以帮到你。所以说，买完再剁手，不如边买边秀边享受。每个人都是最好的买家秀，每个人都应该活在这个享耀的时代。

> 所以说，买完再剁手，不如边买边秀边享受。

愚者用肉体监视心灵，智者用心灵监视肉体。

桃花运实用
约会穿搭法

约会NG时刻可不是你在约会时衣服穿得不好看或表现不佳，更多的是这些我们从来不曾好好正视的穿衣糗态，拒绝NG时刻，从基础问题做起！

连裤袜的尴尬时刻：连裤袜与短裤的搭配很常见也很时尚，但很多时候都会有袜子深色的边外露在短裤外，让下装减分！

穿平底鞋不跟脚：平底鞋太大、后跟太空，都会在走路时不经意踩到鞋侧边，久而久之，鞋子上会出现尴尬的折痕！

低腰裤露出底裤边：当你在享受着低腰裤秀出自己纤细腰间的感觉时，也会有底裤边露在裤子外面的尴尬时刻吧！

紧身衣内搭压胸内衣：当你脱下外套露出里面穿着的紧身衣时，就会看到内衣压胸或者勒出副乳的痕迹啦！

如果要挖井，就要挖到水出为止。

紧身裤上深深的痕迹：在穿紧身裤时选错内裤，选择一些比较紧小的内裤，结果变成四瓣屁股啦！以为不明显那就大错特错啦！

高跟鞋搭棉袜：天冷的时候穿高跟鞋就忍不住穿了棉袜！不要以为很平常，这样可是非常奇怪的！棉袜是非常容易出错的单品！

秋衣边外露：洋气的上衣搭配修饰腿部线条的裤装是不是很完美？秋衣边却总是在你得意的时候出来捣乱破坏心情。

大腿袜勒出赘肉：大腿袜过紧或是袜口过紧都会勒出腿部的赘肉哦，即使下装精心搭配也是会令他对你印象减分。

超高跟鞋子好辛苦：逛街的时候因为穿着超高的高跟鞋，所以走路时膝盖总是弯的，想要漂亮高挑的身材却要付出很大的代价，不是很辛苦吗？

打底裤外穿露痕迹：很多女孩为了简便，只穿普通打底裤来搭配上衣，结果却穿出秋裤的感觉，缺点也会一览无余哦！

Part 1：消灭下装可能出现的小状况：打底&低腰

Lesson 1：打底裤要搭配裙装　叠穿的方式时尚又美观，为了不让打底裤穿出秋裤的感觉，搭配一条简单而大气的包臀半身裙不失为一个好办法，整体造型也增添了几分韵味。外穿或内穿效果截然不同！如今很多的包臀裙搭在打底裤外面可以呈现很好的效果，能修饰臀形，也可以让下装不再尴尬和单调。

Lesson 2：基础裤装的巧妙搭配　低腰或高腰的不同Style！利用单品来弥补低腰裤的不足，或是直接选用高腰裤作为代替也是不错的选择。

Part 2：消灭内搭的尴尬痕迹：秋衣&内衣、裤&袜子

Lesson 1：巧妙地成为上衣内搭，秋衣也有花样！ 蕾丝花边的秋衣配上原有的纯洁白色，让领子部分不再单调，穿出层次感是正解。蕾丝边秋衣可以增添可爱感！

"为了穿开衫也不会露出尴尬的领子边"，如今秋衣也越来越不再单调，无论是领口或袖口部位都有了花边的设计，内穿时不仅贴身舒适，还会与开衫形成层次感哦！

Lesson 2：紧身裤装的完美展现，内衣或裤也可以隐形！ 无痕、肤色、低胸的内衣的隐形效果很好，尽量避免选择颜色花哨、装饰复杂的内衣内裤是正解。低调内裤有优势！

"为能够穿着紧身裤或是可外穿打底裤"最好选择无痕、浅色调或是丁字形的内裤，在穿着紧身裤时才会展现性感的臀形，自信度也会提升哦！无痕内衣有优势！

"即使穿着紧身衣也能毫无顾及穿在里面的内衣"无痕内衣的设计不仅让你在外穿紧身衣时很放心，还不会在做伸臂等动作时勒出尴尬的副乳哦！

Lesson 3：为造型加分的袜子，袜子或大腿袜也有学问！ 搭配短裙的假大腿袜效果很好，短袜、堆堆袜能够显得窈

窕，或是选择颜色一体的连裤袜是正解。假大腿袜十分受欢迎！

"为了搭配A字裙或是包臀裙而设计的假大腿袜"越来越受女孩宠爱，因为假大腿袜不仅时尚美观，也可以避免普通大腿袜会勒出赘肉的尴尬情况哦！

Part 3：消灭靓鞋的不适感：高跟&平底&浅口

Lesson 1：为双脚减轻负担，高跟鞋也要正确选择！超高跟太高？那么舒适又美观的中跟鞋一定合你的心意。百搭的中跟鞋也很有人气！给双脚减轻负担，多款式多造型的中跟鞋可以达到你意想不到的效果哦！

Lesson 2：平底鞋里面的小心机，平底鞋也有伴侣！想要舒适穿着平底鞋，防滑半垫可以帮你忙。让平底鞋变得跟脚，双脚的不适感减少，防滑半垫的作用不可小觑！

"为了更舒服穿着平底鞋而特别设计的防滑半垫"，可以让平底鞋后跟不再掉，也不会留下走路的折痕！

行动是治愈恐惧的良药，
而犹豫、拖延将不断滋养恐惧。

　　Lesson 3：不容忽视的船袜，浅口鞋的最佳搭档！谁说穿浅口鞋不能穿袜子，船袜绝对是推翻这一说法的最佳利器。船袜也有大帮助！当你光脚穿浅口鞋时会有磨脚或涩涩的感觉吗？或是走路时后跟容易往下掉？这时就体现出船袜的作用了。蕾丝边、花纹边的设计在保护柔弱双脚的同时，即使露点在外面也不必担心哦！

夏日最IN穿搭法

征服夏日最IN造型

眼花缭乱的流行款是不是也同样适合你？在和男朋友约会的甜美时刻也会出现着装的尴尬吗？平时你自以为的显瘦方法真的是如此吗？现在就为大家解答夏日烦恼，一起美美过夏天！

Part 1：夏季潮流款你HOLD得住吗？随着夏天的到来，凉鞋与大尺寸购物袋成为女孩的宠儿，破洞、网眼与印花的元素也成为搭配的亮点，单品速配让你的潮流款搭配不出错。

破洞牛仔裤穿出好感度！破洞牛仔裤给人以帅气休闲的感觉，搭配女人味十足的单品可以提升好感度，让你的夏天更出彩。

搭配要点：露肤上衣和尖头高跟鞋！破洞牛仔裤搭配袖子部分设计为镂空的大领上衣和尖头高跟鞋、草编包，更显女人味，让人好感度增加，成为夏天的一道风景。

网眼镂空上衣抛掉运动感穿出女人味！ 要女人味，将网眼上衣的运动感抛掉，与裙子等时尚单品的搭配为夏天带来了不一样的景色，让人目不暇接。

搭配要点1：高腰迷你裙和女人味凉鞋！迷你裙要选择在膝盖以上15厘米的长度，更能凸显女人味，下摆荷叶边设计修饰腿形，让你在夏天里更有自信。

搭配要点2：花朵散摆裙和女人味凉鞋！花朵散摆裙与高跟凉鞋可以让运动感的网眼上衣穿出十足女人味，红色链条包起到点睛作用。

热带印花时尚不俗气！ 热带印花的元素在夏天让人更有活力，搭配格子或纯白色的单品，连心情也更加快乐。

搭配要点1：白色西裤和潮流款拖鞋！搭配白色西裤营造清爽感。白色是最适合搭配热带印花的颜色，为夏日增加清凉时尚感。

搭配要点2：格纹短裤和点睛小物！想要图案搭配图案的特别感，就要选择清新活力的小格纹图案来平衡印花的强烈感。

没有一种不通过蔑视、忍受和奋斗就可以征服的命运。

睡衣款套装穿出正式感！ 想要睡衣别出心裁能穿着正式出席，那就拆开穿吧，时尚又正式的风格是不可不尝试的造型。

搭配要点：短款上衣和鱼嘴凉鞋！波点上衣立刻让薄荷绿的短裤变得休闲可爱，给人眼前一亮的感觉。

搭配要点2：棒球外套和女人味小物！薄荷绿预示着夏天的到来，配上白色长裤和椰树图案的外套，打造一种清新又正式的造型。

大尺寸购物袋、凉拖鞋不能搭得太随意！ 清凉的夏天当然少不了凉拖鞋与大尺寸购物袋，简单帅气的潮流单品搭出不一样的优越感，成为造型中的主角。

搭配要点1：雪纺连衣裙和流苏背包！拖鞋与雪纺连衣裙、流苏包打造了完美的度假风，让你在度假中成为众人的焦点。

搭配要点2：针织背心和浅色牛仔裤！大尺寸购物袋让条纹针织背心和牛仔裤展现了十足的休闲感，给人以无限的活力。

搭配要点3：衬衫连衣裙和女人味凉鞋！白色的衬衫连衣裙与粉色的大尺寸购物袋的搭配，展现出成熟又甜美的魅力。

搭配要点4：西装套装和大气手包！帅气的造型，也可以搭配拖鞋，钻石装饰的拖鞋让造型更有时尚感。

Part 2：你穿对场合了吗？女孩们在不同的场合要展示自己不同的风格，可是你们的搭配穿对了吗？

性感露肤不尴尬，露肤款和内衣的搭配！ 和男友的约会中，要适当露肤增加好感度和女人味。最需要注意的是露肤服饰与内衣的搭配，让你性感不尴尬。

搭配要点1：雪纺上衣和清爽裹胸！雪纺上衣与条纹裹胸的协调搭配下，透露出甜美味，让你成为约会的亮点。

搭配要点2：花朵连衣裙和编织坡跟凉鞋！花朵图案裹胸让花朵连衣裙更加俏皮可爱，其中透出的性感让你在约会中更加迷人。

搭配要点3：透明蕾丝上衣和甜美套装！蕾丝半袖上衣搭配在短款上衣里，很好地在甜美中透出淡淡的性感，为自己的约会加分。

最能吸引男生目光的地带是这些！ 不能放过任何一

处，做完美精致的女生！想要吸引男生的目光，就要更加注意细节，让你在男生面前无死角。

搭配要点1：动物造型的耳环更受男生喜欢，同时也能够体现出女生的爱心。

搭配要点2：细小的项链更使人产生好感，脖颈也显得修长。

搭配要点3：尖头浅口高跟鞋与裸露的脚踝完美地展现纤细的双腿，更具有女人味，魅力提升。

纯色VS印花穿得对男生一样爱！ 在约会中很多女孩头疼穿纯色还是印花才能让男生眼前一亮，让自己成为男生眼中的焦点。

搭配要点：雪纺上衣和女人味小物！无论是纯色还是印花，都要掌握在简约中加入一处亮点的原则，选择雪纺上衣增加女人味。

正式、休闲两不误，用衬衫连衣裙来打造！ 想要正式感又要穿着舒适，衬衫裙搭配针织衫会给你带来不一样的感觉，让你造型闪亮。

高峰只对攀登它而不是仰望它的人来说才有真正意义。

搭配要点：衬衫连衣裙和针织开衫！黄色衬衫连衣裙搭一件针织衫，很完美地打造了办公室的造型，既正式又舒适。

衬衫的选择是办公室着装必修课！办公室中衬衫是必备的单品，要选对衬衫才能让你成为办公室的时尚达人。

搭配要点：条纹衬衫和散摆高腰裙！简洁的条纹衬衫与白色裙子让你成为办公室的亮点，为办公室增添夏日清凉感。

空调房室内室外这样应对！在办公室的空调房内外要保持最佳状态，时刻展现自己的白领女性气质。

搭配要点：西服套装和简约T恤！西服套装可以适应空调房内外的变化，穿上与脱掉外套都可以时刻展现最有魅力的自己。

夏日防汗做清爽美人！夏天进行户外运动，长时间会出汗，防汗单品让你做到实用与美感并存。

搭配要点：吸汗吊带衫和镂空果冻鞋！碎花吸汗吊带衫与椰树图案短裤、果冻鞋的搭配完美展现了夏天的心情，整个人都轻松了。

轻薄防晒外套和紫外线说"拜拜"！，户外最头疼的就是太阳的灼烤，脸上涂好了防晒霜，身上也要做好防晒工作哦。

搭配要点：防晒外套和高帮帆布鞋！防晒衫是必备单品，与条纹上衣和牛仔短裤的搭配体现无限活力，让你的美与防晒两不误。

防走光360度无懈可击！要想穿清凉的套装，那首先要考虑走光的问题，让你的夏天没有走光，美美地清爽一夏。

搭配要点：裹胸内搭和运动套装！黄绿色裹胸让套装清凉不走光，为灰色的运动套装增添亮丽色彩，充满无限活力。

Part 3：你的显瘦方法对了吗？日常中我们会进入很多显瘦的误区，总以为这样穿是显瘦的，但是这些旧方法已经过时啦！

紧身的下装真的很显瘦吗？ 运动紧身的下装让自己看起来很瘦？何不尝试胯部宽松的设计，给你惊喜。

搭配要点：短款上衣和高腰花苞裙！腰间和下摆适度宽松的款式强调腰部和腿部的纤细，让人看起来很显瘦。

还有比裸色浅口鞋更能拉长双腿的鞋吗？ 只要说到拉长双腿，就会想到裸色高跟鞋，已经开始觉得厌倦，现在推荐有水台的高跟凉鞋，同样有瘦腿效果哦！

搭配要点：水台设计和脚踝系带是重点！厚底、细带、大面积露脚面的鞋才是显腿长的三大要素。

泡泡袖的上衣会让手臂显得很纤细吗？ 手臂粗不敢露出来就用袖子挡住，照照镜子有没有感觉你的手臂更粗壮了，换成制造肩部造型的衣服，有没有感觉自己的手臂纤细了许多。

搭配要点：飞袖上衣和高腰阔腿裤！蓝色带肩上衣的设计可以很好地起到修饰手臂的作用，无论大小臂看起来都很纤细。

你可以选择这样的"三心二意"：
信心、恒心、决心；创意、乐意。

黑色的紧身裤是显瘦必备品吗? 万能的黑色紧身裤，真的能将你的腿部线条塑造得很完美，还是将你的腿部缺点暴露无遗？宽松设计的西装裤可以更好地打造你的腿形，让你看上去真的瘦了。

搭配要点：针织开衫和宽松西装裤！高腰宽松的裤形会让你的双腿更纤细，拉长双腿，达到视觉上显瘦的效果。

打造小颜不可错过的6 Points：利用饰品打造发型，成为完美的小脸美女，让你的造型更加吸引人。

醒目项链：夏天的衣服都会露出脖颈，戴上醒目夸张的项链，不仅可以起到装饰的作用，而且很好地修饰了脸形，塑造了小脸。

蝴蝶结发卡：俏皮可爱的背带裤，头发中间梳起来夹上蝴蝶结发卡，使造型更具有可爱俏皮的感觉，同时中间梳起的头发与大的蝴蝶结让脸看起来更加小。

BIG镜面太阳镜：BIG镜面的太阳镜可以很好地遮盖修饰脸形，达到显脸小的效果，是必备的时尚单品，让你的造型更加帅气时尚。

花朵造型耳环：大款的花朵造型耳环，为服装增添了亮丽的颜色，打造了小脸，让脸部轮廓鲜明起来，也衬出健康白皙的肤色。

草编帽子：与连身裤搭配的小檐草帽，展现了甜美的风格，同时打造了完美的小脸轮廓。

牛仔发饰：发带是打造优质小脸的专属单品，牛仔发带可以让脸显得更加立体。

每个人的青春里都有一条弯路，谁也没法替谁走完。

BOYISH酷炫男孩风

　　娇滴滴小公主拜拜，帅帅的女孩才是新宠儿！近几年来，时尚圈的"boyish"风潮愈演愈烈，各大品牌也推出了潮爆眼球的单品。本节为你网罗的潮流小物，让你在这个秋冬型格成倍提升，帅气无人能及！

　　Part 1：男孩风鲜明的潮包 各大时尚品牌在这个冬日相继推出男孩风的潮流包包，精选三款最受欢迎的潮包款式：个性双肩包、潮流款手拿包、OVERSIZE单肩包，打造宣扬个性的时尚男孩风造型。

　　Style 1：三大潮包主打俏皮男孩风 充满个性风男孩风的造型，当然少不了本季最抢眼的潮流款包包进行造型升级。

　　掀起新一轮的时尚旋风，个性双肩包：双肩包可谓是秋天最受追捧的时尚潮包款式，它不仅在容量上占有优势，同时能塑造青春活泼的男孩风印象。

　　打造与众不同的前卫造型，潮流款手拿包：手拿包具有

携带便捷的特点，它也是时尚人士不可或缺的潮流包款，今年秋天的潮流款手拿包增添了一分趣味感，让男孩风的造型更具前卫个性。

演绎率性十足的街头LOOK，OVERSIZE单肩包：OVERSIZE款式的单肩包成为这个秋日备受瞩目的潮流包包，超大的容量成为它的亮点之一，街头风的个性设计完美演绎了这一季的时尚男孩风。

Style 2：有点儿淘气、有点儿帅的个性九款包

与众不同的新款潮流包包，演绎这个冬日最具时尚魅力的人气男孩风造型。

野性的印花展现男孩的硬朗个性，黑白豹纹印花双肩包：黑白色的豹纹印花告别了传统豹纹的那份魅惑，增添了一分男孩气质的酷感，流苏的包带设计展现了细节的精致。

军旅迷彩印花诠释男孩的淘气本色，军旅迷彩印花双肩包：暗色系的迷彩印花充满军旅风格，展现男孩的淘气本色，挺括的皮革材质让这款双肩包更显帅气。

前卫的材质打造摩登男孩风造型，两面皮革双肩包：玫瑰红亮面皮革展现男孩的炫酷个性，街头感贴花的设计让这款双肩包更具有潮流特色，打造个性男孩风造型。

做对的事情比把事情做对重要.

　　亮色系迷彩印花时尚感超群，迷彩色手拿包：黄、棕、黑三色组合的迷彩手拿包，在诠释男孩风个性的同时，为整体造型增添了亮丽的一笔。

　　创意感的时尚造型夺人眼球，甜点造型手拿包：像是被咬了一口的甜点的造型，让这款手拿包展现与众不同的时尚魅力，金属色的设计夺人眼球。

　　趣味感插画的元素大受好评，涂鸦印花手拿包：趣味感十足的涂鸦印花是这个冬日的潮流关键词，童趣中不失个性的设计，玩味这一季的前卫男孩风。

　　艺术感印花成为本季潮流特色，艺术感印花单肩包：艺术风情的印花充满时尚设计感，蓝黑白的拼色符合男孩的喜好，与众不同的个性图案展现前卫的艺术品位。

　　街头风的印花诠释休闲造型，字母LOGO印花单肩包：经典LOGO风的设计与字母印花完美结合，黄与紫的对比色活泼亮丽，诠释这个冬季最潮的休闲街头造型。

　　时尚豹纹展现刚柔相济的个性，豹纹印花单肩包：经典款的棕黄色豹纹印花绝对是这个冬日的必备款，简约的梯形色包款不仅增大了容量，同时展现出男孩的率性。

Part 2：四类关键配饰成就男孩风造型　男孩风的时尚造型当然少不了细节处的精心点缀，文艺气息的框架眼镜、温暖感的时尚围巾、硬朗时尚的个性腕表以及前卫潮流的饰品，打造男孩风造型的时尚亮点。

Style 1：文艺框架眼镜让你变潮男　框架眼镜正是男孩风造型的必备武器，不仅修饰了脸部的轮廓，更能为男孩风的造型增添一分文艺气息。

Warm 柔和的驼色系打造冬日的温暖造型。

Grace 低调的黑色半框展现英伦绅士气质

Bright 黑白渐变的设计散发时尚魅力

Fashion 透明色的渐变演绎街头的潮流造型

Smart 黑白拼色的款型打造率性造型

Cool 豹纹框架眼镜成为时尚领军者

Charm 优质的金属质感散发硬朗的男孩魅力

Cute 紫色金属框架打造俏皮可爱造型

Simple 简约的方形镜框演绎学院风时尚造型

1-3：时尚气质展露无遗，复古半框镜：半框眼镜充满复古风情，精致的框架造型让男孩风的形象更为内敛，展现优雅低调的气质。

4-6：引领秋冬的潮流风尚，潮流大框架眼镜：大框架的造型是当季的潮流热点，除了诠释出男孩风俏皮活泼的个性，同时起到了小脸的功效。

7-9：演绎个性前卫造型，个性金属框眼镜：金属的材质绝对是这个冬日的时尚关键词，个性十足的金属框架眼镜，演绎前卫时尚造型。

Style 2：男孩风围巾有点暖男印象　这个冬日的时尚款围巾五花八门，具有男孩风气质的款式绝对是最IN单品，潮流围巾单品让你在打造时尚造型的同时增添一分暖意。

英伦格纹演绎经典时尚，格纹围巾：格纹围巾永远是衣橱的必备款式，它经典的设计让男孩风的造型更具英伦气质，不同的格纹也能变换不同的风格。

潮流拼色元素最抢镜，拼色围巾：色块拼接围巾展现了这一季最具时尚感的元素，将男孩风的时尚个性诠释得淋漓尽致。

俏皮运动风活力四射，字母LOGO围巾：运动风的字母LOGO围巾绝对是时尚潮人的必备款式，俏皮可爱的字母印花让男孩风造型更具青春气息。

个性印花元素魅力十足，印花围巾：男孩感的印花设计赋予了围巾更多的魅力，不同的印花展现出百变的时尚气息，演绎前卫的男孩风造型。

Style 3：率性而为的男孩风腕表　腕表对于男孩

来说绝对是最重要的饰品，它体现了个人的时尚品位，腕表的魅力让你在举手投足间展现率性本色。

散发强大的时尚气场，华丽硬朗派金属腕表：金灿灿的材质散发出耀眼的光芒，这就是金属腕表的时尚魅力，它诠释了华丽硬朗派的男孩形象。

洋溢着时尚的青春气息，活力四射的运动款腕表：运动风的时尚腕表成为本季最受潮人追捧的款式，搭配运动风的时尚装束，演绎青春与动感。

展现男孩的个性与洒脱，中性气质大表盘：随性的大表盘设计，让男孩风的造型更具休闲风情，绝对是日常穿衣搭配的必备人气饰品。

Style 4：男孩风饰品帅爆每个瞬间　男孩风的饰

品成为整体造型的时尚亮点，推荐潮流必备款的重金属项链、个性元素项链、酷辣造型手镯，诠释男孩风特立独行的时尚态度。

特立独行的时尚态度，个性元素项链：男孩风的吊坠项链聚集了各种帅气的造型，时尚的元素夺人眼球，在细节之处展现与众不同的时尚个性。

酷感十足的帅气造型，重金属项链：重金属的项链在这个冬季备受瞩目，张扬个性的设计诠释了男孩风的时尚态度，搭配男孩风服装充满酷感。

硬朗帅气的男孩个性，酷辣造型手镯：黑色皮质与金属元素让男孩风的手镯充满酷辣感，绝对是男孩风造型不可或缺的时尚单品。

Part 3：男孩风帽子瞬间改变服装风格　**男孩风的帽子具有个性鲜明的特色，在日常服装搭配中只需加入一顶男孩风的帽子，就仿佛被施了魔法一般，瞬间改变整体造型的气质。**

Style 1：运动风棒球帽+正式感服装　通勤感的服装往往给人留下刻板的印象，改变过于正式的造型，只需加入一顶运动风的棒球帽，便能演绎出意想不到的时尚造型。

Style 2：绅士礼帽+女人味造型　如果你早已厌倦了女人味十足的造型，那么就在造型中搭配一顶绅士风的礼帽，下一个瞬间就能诠释优雅帅气的绅士造型。

Style 3：男孩风绒线帽+甜美造型　想要改变过于女孩味的甜美造型，只需搭配一顶俏皮可爱的男孩风绒线帽，就能让整体造型不再甜腻，展现出惹人爱的淘气男孩味儿。

专属你的极简风

简约不简单 瞬间UP穿衣风格

基础款的极简单品是重点

Normcore风的必备单品的关键词就是"基础""低调""辨识度低"，这样的单品更可以穿搭出自然随性的造型。

简单白球鞋：新的混搭利器，舒适自在的运动风正当红，而在这色彩繁多的运动鞋当中，浑身弥漫着极简风格精髓的白球鞋才是最IN单品！让你你轻轻松松驾驭N种风格，利用它变身混搭高手吧。

简洁Basic衬衫：严谨简洁也可以很美，作为春季必备的单品，衬衫凭借简洁百搭成为经典单品。简约而不简单，低调而不单调的风格，让你从容应对各种场合。

简单百慕大短裤：增添一点率性，从男士时装获得灵感的百慕大短裤长至膝上两三厘米具有纵切的剪裁，酷感十足，带出女孩们自由帅气的一面。宽松下垂、天然散发慵懒随性气息的百慕大短裤是充满极简风格的优良单品。

简洁牛仔：复刻经典时代，潮流是个大轮回，屹立不倒的便是牛仔元素。简洁随性的牛仔是再普通不过的单品，怎么搭配都带着平易近人的味道。

简约风衣：穿出随意有型的帅气，风衣是春秋最具时尚感的单品之一，每个爱美女孩的衣橱里都有它的身影。极简的风衣低调又不失优雅，无疑是实现自我风格的最佳拍档。

简明大地色：自然景致中寻找突破，源于自然的大地色，有着沉稳内敛的气质，看似毫不起眼的平实，却有着永恒经典的能耐。

一切从"简"：随身小物一切从"简"，随性自然的设计随时为你舒缓心情。

哪里有天才，
我是把别人喝咖啡的工夫，都用在工作上的。

基本款的时髦穿衣法

米色基本款风衣：米色基本款的风衣是白领女性造型的必备法宝，无论是哪种场合，只需进行得体的搭配，便能演绎时髦又百变的白领造型！

帅气有型的牛仔裤：帅气有型的牛仔裤打破了刻板又笼统的通勤造型，选对牛仔裤的款式不仅能起到修身的作用，更能让白领的造型得体又具青春活力！

衬衫永远最好穿：初入职场的白领想要掌握职场造型的关键，当然少不了"衬衫"这一百搭单品，挑选不同的印花与面料，打造时尚的通勤LOOK！

基本款风衣，变出法式时髦感

看似平凡的基本款风衣，其实具有非常强大的时尚魔法！不仅具有挡风保暖的实用功效，搭配对的裙装或裤装更有一种法国女孩的时髦感，尤其要打理风衣的领子、袖口、腰带，正确的穿法让通勤造型得高分。

基本款风衣+铅笔裙：铅笔裙是春日衣橱不可或缺的时髦单品之一，高腰修身的款式非常适合通勤造型。

基本款风衣+西装裤：选择有时尚元素的西装裤，利落的搭配让你看起来既有品质感，又有简洁大气的个人风格。

风衣的时髦穿法你了解吗？看似随意的风衣，其实在穿法上也有很多讲究，学会风衣的正确穿法，便能穿出干练、更帅气的时髦白领女性造型！

米色系经典款风衣在这个春日人气飙升

套穿瞬间舒展风衣的面料：抖一抖风衣舒展其面料，快速平整地套穿上风衣。

随意地将腰带在前面打个结：风衣敞开穿着，将腰带在前方随意地系个结，打造随性帅气的印象。

插入口袋展现曲线：一手插入风衣口袋，便能自然又随意地展现出完美的女性曲线。

用风衣造型诠释白领女性的魅力：无论在什么通勤场合，穿上风衣后都能展现脱俗的时尚气质。

挽起风衣的袖口：稍稍挽起风衣的袖口，让造型看上去更

为干练利落。

露出衬衫领子&袖口：将风衣领口和袖口处的衬衫露出，打造注重细节的气质造型。

竖起风衣的领子：双手拉住风衣领口的两角，从后面竖翻风衣的领子，流露风衣的率性魅力。

腰带后系的穿法：敞开穿着时，记得将腰带整齐地系在腰后。

白色牛仔裤打造清爽动人的通勤印象

白色牛仔裤有别于深色丹宁牛仔，它显得更为清爽，同时也不失牛仔裤的修身塑形效果。推荐适合搭配白色牛仔裤的通勤单品，让白色牛仔裤展现清爽印象！

白色牛仔裤+格纹衬衫：浅色系的格纹衬衫展现出职场新人的青春气息，搭配清新的白色牛仔长裤，打造出朝气蓬勃的年轻时尚造型！紧身的小脚裤裤型，拉长了腿部的线条。

白色牛仔裤+彩色针织开衫：春日感的彩色针织开衫绝对

是百搭单品，披在肩膀上的彩色针织开衫与白色牛仔长裤形成了绝佳的配色组合。宽松直筒式的裤型，为白领女性造型加入一分休闲感。

白色牛仔裤+西装：帅气干练的西装外套再适合不过了，搭配白色牛仔长裤展现中性风格的率性气质，打造时髦酷感的白领女性造型。卷边设计的裤脚，营造时髦有范儿的气质。

丹宁色牛仔裤，穿出修长美腿的白领造型

本季最流行的丹宁色牛仔裤让白领女性的造型也更显时髦，选择不同的裤型设计，让双腿显得更细更修长。

小脚牛仔裤：深色丹宁的小脚牛仔裤绝对是最显细的王道单品，选择简约不花哨的款式，打造时尚利落的时髦造型。条纹T恤搭配小脚牛仔裤打造通勤又不失休闲的造型，肩上的彩色针织衫也很时髦！

微喇牛仔裤：复古感的微喇牛仔裤展现了白领女性的那份知性气质，喇叭形的阔腿设计同时也起到了修饰腿部线条的作用，令腿型显得更为修长。宽松衬衫搭配微喇牛仔裤，展现率性

一面。

直筒牛仔裤：廓形简约的直筒牛仔裤也是通勤造型的必备单品，卷起裤脚的穿法使白领女性的造型不再过于拘束，同时也能显出纤细的脚踝。橙色无袖衬衫搭配直筒牛仔裤青春逼人！

基本款衬衫诠释不同印象的时髦白领女性

"衬衫"这一基本款单品是初入职场的白领女性不可或缺的单品之一。不同颜色、不同印花以及不同材质的衬衫，便能打造不同印象的时髦造型！

雪纺衬衫尽显优雅女人味：飘逸通透感的雪纺衬衫，是展现职场女性柔美气质的最佳单品。工作午餐抑或是外勤造型时，用一款适合自己的雪纺衬衫来展现优雅魅力吧！

全棉衬衫诠释干练的通勤LOOK：全棉衬衫的材质更为硬挺，让白领女性的造型显得更为干练与利落，打造具有良好精神面貌的职场新人造型。

亚麻衬衫散发白领女性清新气质：亚麻材质的衬衫具有极

高的舒适度，非常适合日常通勤造型，同时散发出一股清新的气质，让白领女性的造型更为利落。

竖条纹衬衫展现白领女性清爽与利落：竖条纹印花的衬衫不仅非常适合日常通勤的装扮，同时让职场中的你更添加一分时尚气质，整齐排列的条纹印花打造清爽与利落的印象。

纯色衬衫塑造优质白领女性造型：基本款的纯色系衬衫，让视觉上更为清爽，没有花哨的印花图案，更能展现专心工作的优质面貌，打造充满信赖感的职场新人印象。

成功决不喜欢会见懒汉，而是唤醒懒汉。

这么胖 无所谓

穿衣显瘦法

"其实不想肿""其实也很冷",温度
与风度兼得才是我们内心真实的呼声！跟着达
人一起学做技巧派，穿厚厚的冬装也能立刻显
瘦，保证让你美美登场圣诞月！

四大显瘦法则最神奇！将冬装穿出窈窕美型！想要瞬间完成冬日的"瘦身"，只需铭记这4条！高效果零难度的法则，让你彻底摆脱冬装臃肿的烦恼！

法则1：活用收敛的黑色，打造张弛有度的身形。还在担心黑色会减弱女人味？其实只要搭配得当，它同样可以点亮可爱的造型。毋庸置疑的显瘦力，更让搭配空间无限大！

心跳加速的初次约会： 粉色与印花流露出甜美女孩气，裙装与长靴投入黑色系，轻松塑造修长的体形。

法则2：上紧下松&上松下紧。视觉反差感提升显瘦力，宽松的部分可遮盖胖胖的体形，收紧的部分为整体注入凹凸有致的线条感，将两者合二为一，曼妙身姿即刻呈现！

应邀去前辈家做客： 针织衫内搭正统衬衫，与上品的粗呢短裙相呼应，同时加速造型的显瘦力。

法则3：王道的""Ⅰ""字形线条。从上至下修身的组合，强调出纤细的纵向感。长款外套或连衣裙都是绝佳的显瘦利器！

出席正式的商务晚餐： 收敛色彩与廓形的大人气LOOK。高

领衫与背带裙拉长整体的比例，再用厚款裤袜将纤细感延伸至脚尖。

法则4：增加点睛小物，巧妙分散视线。 华丽可爱的事物，不仅可从视觉上彰显时尚度，还可大大提升显瘦力，真正实现一秒变身！

紧致的黑色、"I"字形线条、美腿高筒靴……显瘦要素满载的达人级搭配。

无领外套： 从腰间绽放至衣摆的荷叶廓形，遮盖臀部的同时，勾勒出"I"字形线条。

黑色西装外套： 合身的剪裁是关键，背后附有微裙摆设计，展现360度美形。

格纹夹克&短裤： BIG格纹具有分散视线的效果，选择塑身的黑白配色是正解。

薄纱装饰针织衫： 薄纱饰边能够巧妙隐藏小肚腩，宽大的领口可将上身衬托得越发纤细。

针织开衫： 既可做主角，也可做点缀的时尚色彩。便于叠穿的薄款是搭配的首选。

不要等待机会，而要创造机会。

黑色高领针织衫：秋冬大热的高领衫，选择黑色和简约的板型，成功进阶瘦身的行列。

格纹衫&LOGO T恤：点亮造型的格纹衫与升级节奏感的LOGO T恤，组成百搭的实用套装。

印花连衣裙：蓬松的泡泡袖、收腰的剪裁、挺括的裙摆，集合了各部位的瘦身设计。

蕾丝连衣裙：纵向装点的蕾丝形成自然的"I"字形线条，色调与材质的拼接也是显瘦要素。

压花短裤：可束进上装的腰间设计，给搭配更多的空间。立体感压花图案令时尚感倍增!

牛仔铅笔裤：美腿的深色牛仔是冬日下装的必备!贴合腿部的弹力材质修饰出迷人的双腿。

粗呢短裙：上品的粗呢质地避免了短裙过度甜腻，空气感的廓形隐藏臀部的肉肉。

背带铅笔裙：流行的高腰设计成就修长的双腿，有序排列的纽扣具有提升纵向比例的效果。

针织衫&衬衫&短裙：粗棒针针织衫、白色衬衫、印花短裙，冬季叠搭不可或缺的优秀单品大集合!

期待已久的闺蜜聚会: 靓丽的名媛风,在简洁流畅的线条中巧用小物来增色,特别是体积感皮草围脖,上演出众的小颜效果。

与好友相约晚餐: 摩登感上扬的装扮最适合夜晚的邀约。Logo与格纹搭配王道的黑色,将上身的臃肿感一扫而光。

图书馆收集资料中: 衬衫&短裤的学院LOOK,随意又舒适。记得将衬衫收拢进下装,即可秀出修长美腿来。

电影首映会: 蓝色针织衫用时尚的黑色格纹做层次与衔接,最后点缀褐色小物加强显瘦力。

古典音乐会: 印花连衣裙搭配纯色的外套,色彩与图案的双重变奏,演绎出简约风格的典范。

漫步在悠闲的街道: 针织衫与牛仔裤的休闲组合,在颈部与足下巧用黑色相呼应,收敛之余型格大增。

论文发表成功: T恤束进短裤内,打造腰身的黄金比例,外搭黑色西装,瞬间实现曼妙的身形。

出席年终酒会: 上身紧致、下身蓬松的裙装造型,特别适

环境永远不会十全十美,
消极的人受环境控制,积极的人却控制环境。

合华丽的场合。优美的曲线是让你脱颖而出的秘密。

下午茶时刻：　"A"字形外套好比连衣裙，摇曳出婀娜的身姿。MIX牛仔铅笔裤，摆脱造作感的同时，升级张弛度。

英语教室：挑战身材的紧身铅笔裙，用腰间飘逸的薄纱来修饰，就可轻松抚平尴尬的肚腩。

和妈妈去逛街：细腰带收紧腰部，一点小心机就可令造型大不同。提包与靴子使用柔和的色调让成熟与可爱兼备。

游乐场的欢乐时光：长款衬衫搭配铅笔裤，上下同时使用细长形单品。最后外搭短款夹克，让修身效果更显著。

闺蜜的生日派对：针织开衫披在肩上，将连衣裙的"I"字形线条烘托到极致。同时也是保暖逸品，穿脱很方便。

年末促销不可错过：纵伸效果出众的针织衫＋短裙，搭配长款外套，不仅可掩盖外扩的肉肉，还可勾勒出流畅线条感。

超市大采购：宽松的粗棒针针织衫与微露的短裤形成完美平衡，颈间松松缠绕的围巾强调纵向感。

周末的短途旅行：只需将衬衫收拢进高腰铅笔裙，瞬间彰显曼妙的腰线。附加新颖的背带，让造型鲜味十足。

让人难以抗拒的甜品时光： 黑白色调做统一的格纹套装。记得挽起袖口提升露肤度，再用富有存在感的饰品点燃时尚度。

暖洋洋的公园小憩： 连衣裙叠搭宽松版型的针织衫，再用棒球帽提升重心。小物统一成黑色，让休闲造型也有格调。

精心准备的家庭聚会： 衬衫&针织衫的定番组合，用格纹围巾来点亮！增添层次感的同时，尽显品位。

新品发布会： 外搭西装外套，塑造成熟干练的形象。高跟浅口鞋与挽起的裤脚是提升整体比例的关键点。

浪漫的烛光晚餐： 瞬间吸引视线的BIG宝石耳环堪称小颜的神器，搭配大领针织衫，迷人的颈间让你魅力十足。

拜见男友的家长： 为高领衫与西装的简约搭配注入时尚存在感，特别是柔美的粉色，可助你轻松赢得好感度。

KTV倾情热唱： 用彩色针织衫点燃黑白色调的激情，再搭配格纹礼帽完成色彩的呼应，同时提升身材的比例。

畅游梦幻水族馆： 只需在外套上点缀一条细腰带，即可收获曼妙的高腰线，是提升比例的速效小技巧。

温馨的家庭聚会： 冬季扮靓不可或缺的过膝靴，与正统感的针织衫&短裙是绝佳的搭档。

李云涛

PatrickLee

和他的朋友们

1、应邀参加时尚健康年度盛典
2、与牛尔一起参加美妆盛典，
　　为获奖嘉宾颁奖并现场解答粉丝问题
3、参加网易跨界大赏，并为演员张馨予颁奖
4、与各彩妆造型达人一起出席美容大奖颁奖典礼，
　　并荣获时尚最具创造大奖与最佳贡献奖

出席高端护肤品牌The saga of 秀得的新品发布

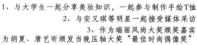

1、与大学生一起分享美妆知识，一起参与制作手绘T恤
2、与安又琪等明星一起接受媒体采访
3、作为瑞丽风尚大奖颁奖嘉宾
为胡夏、唐艺昕颁发当晚压轴大奖"最佳时尚偶像奖"

1、以造型总顾问身份出席第20届金鸡百花电影节
2、与大男孩乔任梁Kimi一起录制《云涛脱口秀》
3、与著名作家"梨花体"教主赵丽华女士
一起参加中国文化研讨会，
并成为国家博物馆文化推广大使
4、参加MAKE UP FOR EVER玩色艺术家品牌活动
5、与鬼马机灵小公主张予曦一起录制《云涛脱口秀》
6、李云涛与著名艺术家韩美林观看画展，交流国粹
7、以星盟网创始人身份出席新浪娱乐媒体活动，
与"胶原蛋白女神"穆婷婷一起分享护肤秘诀
8、"美丽遇见"发布会中讲解分享当下流行彩妆，
现场解答彩妆知识
9、助阵"清泉王子"胡夏演唱会，后台帮他加油打气

1、以最具时尚影响力公众身份参加微公益时尚夜
2、以最具时尚影响人物身份出席凤凰网媒体活动
3、参加第三届风尚志年度盛典，并获得最佳时尚成就奖
4、受邀出席2016瑞丽美容大赏欧珀莱品牌活动
5、连续八年担任金鸡百花电影节唯一指定造型总监
与新日高级董事陈玉英女士出席金鸡百花电影节红毯
6、出席彩妆流行趋势发布会，
并现场展示当下最前沿时尚彩妆造型
7、出席LV品牌展活动，与李菲儿、LV品牌代表合影

一身帅气低调西服出席芭莎珠宝璀璨名流舞会
与演员张嘉倪一起走红毯并接受媒体访问

与帅气小生蒋劲夫一起录制《云涛脱口秀》

以星盟网创始人身份携旗下艺人
出席明星品牌时装秀发布会

1、出席腾讯时尚夜，并荣获年度最具时尚影响力人物
2、以神秘评委身份受邀参加瑞丽模特大赏，
　　在媒体访问环节大方分享每位模特的闪光点与可塑
3、录制《美丽俏佳人》节目，现场进行护肤教学，
　　并进行路人改造，呈现完美逆袭
4、与意大利Vogue主编一起参加时尚派对并接受访问
5、与"星座女王"莫小棋一起录制节目并分享健康知

与优雅知性的陈数一起接受采访
并交谈时尚穿着搭配心得

在北京大学对外交流中心进行讲座，
与大学生一起分享知识

1、助阵90后精灵设计师姜悦音POLLYANNA KEONG新品发布会
2、担任主评委出席瑞丽之星总决选
3、出席瑞丽阳光基金首映礼
4、出席丝芙兰品牌媒体活动

云涛邀约性感辣妈黄小蕾一起座谈《云涛脱口秀》

携意大利KOEFIA科菲亚国际学院校长
参加金鸡百花电影节红毯仪式

与"性感女神"爱戴录制新浪时尚节目

云涛邀约实力派精灵演员李纯
做客《云涛脱口秀》

与张予曦一起出席瑞丽造型大赏百变嘉年华，
并获得瑞丽造型大赏推广大使

1、出席参加SHISEIDO资生堂媒体宣传会
2、出席MAKE UP FOR EVER彩妆品牌活动
3、出席OnlyLady媒体活动并荣获年度最佳造型师奖
4、应邀出席SHISEIDO资生堂新品发布会
5、成为韩国首尔旅游局推广大使
与韩国大使一起学习制作泡菜等韩国美食
6、与严宽夫妇一起出席参加芭莎珠宝名流舞会
7、出席CPB品牌活动